北大社"十三五"职业教育规划教材

高职高专土建专业"互联网+"创新规划教材

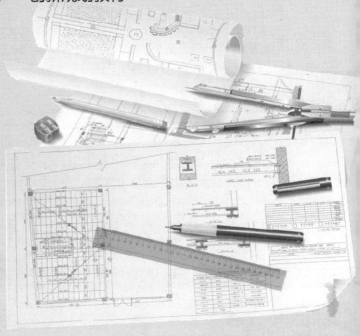

第三版

建筑制图

主　编◎高丽荣
副主编◎和　燕　李新茹
参　编◎宿翠霞　崔　洁　王　平

内 容 简 介

本书的主要内容包括绪论、制图基本知识与技能、正投影基本知识、立体的投影、轴测图、组合体的投影图、建筑图样画法、建筑施工图、结构施工图以及附图。另有配套的《建筑制图习题集（第三版）》，可配合教学使用。

本书按新规范、新标准（GB/T 50001—2010《房屋建筑制图统一标准》、GB/T 50104—2010《建筑制图标准》、GB 50105—2010《建筑结构标准》）编写，与新技术同步；理论知识安排以必需和够用为原则，突出实训、实例教学的内容；图文并茂，深入浅出，符合学生的认知规律；强化实践与应用，引用的专业案例图全部来自实际工程，有助于培养学生识读成套施工图的能力。

本书可以作为高职高专院校及成人职业教育建筑工程类各专业的教学用书，也可以作为相关工程技术人员的参考用书。

图书在版编目（CIP）数据

建筑制图/高丽荣主编. —3版. —北京：北京大学出版社，2017.7
（高职高专土建专业"互联网+"创新规划教材）
ISBN 978-7-301-28411-7

Ⅰ. ①建… Ⅱ. ①高… Ⅲ. ①建筑制图—高等职业教育—教材 Ⅳ. ①TU204

中国版本图书馆CIP数据核字（2017）第109798号

书 名	建筑制图（第三版） JIANZHU ZHITU
著作责任者	高丽荣 主编
策划编辑	杨星璐
责任编辑	贾新越 杨星璐
数字编辑	孟 雅
标准书号	ISBN 978-7-301-28411-7
出版发行	北京大学出版社
地 址	北京市海淀区成府路205号 100871
网 址	http://www.pup.cn 新浪微博：@北京大学出版社
电子信箱	pup_6@163.com
电 话	邮购部 62752015 发行部 62750672 编辑部 62750667
印 刷 者	天津中印联印务有限公司
经 销 者	新华书店
	787毫米×1092毫米 16开本 17印张 348千字 2009年7月第1版 2013年2月第2版 2017年7月第3版 2021年9月第8次印刷（总第20次印刷）
定 价	38.00元

未经许可，不得以任何方式复制或抄袭本书之部分或全部内容。
版权所有，侵权必究
举报电话：010-62752024 电子信箱：fd@pup.pku.edu.cn
图书如有印装质量问题，请与出版部联系，电话：010-62756370

第三版前言

本书为北京大学出版社"高职高专土建专业'互联网+'创新规划教材"之一。本书是根据高职高专院校建筑类专业建筑制图课程教学的基本要求，总结编者多年的教学经验并结合高职高专教学改革的实践，为适应高职高专教育的需要而编写的。本书全部采用最新颁布的《房屋建筑制图统一标准》(GB/T 50001—2010)、《建筑制图标准》(GB/T 50104—2010)、《建筑结构标准》(GB/T 50105—2010)等国家标准，与新技术、新规范同步。

本书的专业例图全部来自实际工程，使读者对房屋建筑有一个完整的了解，有利于提高读者识读成套施工图的能力，并且根据相应的岗位需求，增加了钢筋混凝土构件平法的内容和图示特点。

在内容阐述上，力求深入浅出，层次分明，图文并茂，分散难点，易学易教。本书在编写过程中设置了引例、应用案例、特别提示、知识链接等模块，使教学更贴近工程应用和生产实际，增强了生动性和可读性。

本书在第二版的基础上，根据使用教师及学生反馈的意见，进行第三版的修订。考虑各校使用本书的连续性，对本书的体系、内容不做大的改动，并保留了第二版的特点和注意事项。本书主要进行了以下修订。

(1) 将第二版中的部分内容和插图进行更新、修改和完善，增加了一些与工程实际更贴近的例题，使学生在学习过程中更具有工程意识，教师在教学过程中更具有选择性。

(2) 更换了第 7 章所有的建筑施工图实例，用一套实际工程施工图贯穿整个章节的教学，并在书中附有成套的施工图，更利于读者系统地识读工程图样，突出教学的实践性。

本书的主要内容包括绪论、制图基本知识与技能、正投影基本知识、立体的投影、轴测图、组合体的投影图、建筑图样画法、建筑施工图、结构施工图以及附图。与本书配套的《建筑制图习题集》(第三版)同步出版，可配合教学使用。

为了使读者更直观地识读建筑图样，也方便教师教学讲解，针对建筑制图课程的特点，我们以"互联网+"教材的模式开发了与本书配套的 APP 客户端"巧课力"，读者可通过扫描封二中所附的二维码进行下载。"巧课力"通过虚拟现实手段，采用全息识别技术，利用增强现实(Augmented Reality, AR)技术将书中的一些投影原理等相关知识转化成可 720°旋转、无限放大、缩小的三维模型。读者打开"巧课力"APP 客户端之后，将摄像头对准切口带有色块的页面，即可在手机上多角度、任意大小、交互式查看三维模型。除虚拟现实的三维模型之外，在书中相关的知识点旁边,以二维码的形式添加了作者积累整理的图文、绘图视频、案例等资源,读者可以在课堂内外通过扫描二维码来阅读更多学习资源,节约了搜集、整理时间。作者也会根据行业发展情况,及时更新二维码所链接资源,以便书中内容与行业发展结合更为紧密。

使用教材时的课时分配和教学进度,与教材编者论述问题的风格、教师的教学水平、教师对具体课题或论点的教学意图以及学生的接受能力等诸多因素有关。这里只是按一般情况估算,讲完本书正文及例题,需64学时。使用者可以参考该数据,再根据具体的教学因素、实训和综合实践,作出合理的总学时数安排。

课时分配表

序号	章节	授课内容	课时分配		
			总学时	理论学时	实训学时
1	第0章	绪论	1	1	—
2	第1章	制图基本知识与技能	7	5	2
3	第2章	正投影基本知识	10	8	2
4	第3章	立体的投影	8	6	2
5	第4章	轴测图	6	4	2
6	第5章	组合体的投影图	8	4	4
7	第6章	建筑图样画法	6	4	2
8	第7章	建筑施工图	10	6	4
9	第8章	结构施工图	8	6	2
		课时总学时	64	44	20

本书由石家庄职业技术学院高丽荣担任主编,北京橡胶工业研究设计院有限公司和燕与焦作大学李新茹担任副主编,山东水利职业学院宿翠霞和石家庄职业技术学院崔洁、王平参编。具体的编写分工如下:高丽荣编写绪论和第5、6章,和燕编写第4、8章,宿翠霞编写第3章,李新茹编写第7章,崔洁编写第1章,王平编写第2章。本书编写过程中得到了许多老师的帮助和支持,在此表示谢意。

本书第一版由高丽荣担任主编,赵丽莉、宿翠霞担任副主编;第二版由高丽荣、和燕担任主编,宿翠霞、李新茹担任副主编。在此对第一版和第二版的编者表示衷心的感谢。

本书可作为高职高专建筑工程技术、建筑工程管理、工程造价、工程监理、房地产、物业等各专业教学用书,也可供其他类型学校如职工大学、函授大学、电视大学、培训学校等相关专业选用,或供有关工程技术人员参考。

限于编者水平和其他条件,对于本次修订版中存在的不妥和疏漏之处,恳请各位老师和读者批评指正,以便我们更进一步地改进和完善,不胜感激。

编　者
2017年2月

【资源索引】

目 录

第 0 章	绪论	1
第 1 章	制图基本知识与技能	4
1.1	制图标准的基本规定	5
1.2	绘图工具及仪器	17
1.3	几何作图	20
1.4	平面图形的画法	25
	小结	27
第 2 章	正投影基本知识	28
2.1	投影的概念	29
2.2	正投影的特性	32
2.3	三面投影图	33
2.4	点的投影	38
2.5	直线的投影	42
2.6	平面的投影	49
	小结	53
第 3 章	立体的投影	55
3.1	平面立体的投影	56
3.2	曲面立体的投影	63
3.3	切割体投影	69
3.4	相贯体投影	80
	小结	85
第 4 章	轴测图	86
4.1	轴测图的基本知识	88
4.2	正等轴测图	91

4.3	斜二等轴测图	97
4.4	轴测图的选择	100
	小结	101

第5章 组合体的投影图 ... 102

5.1	组合体投影图的画法	103
5.2	组合体投影图的尺寸标注	110
5.3	组合体投影图的识读	113
	小结	117

第6章 建筑图样画法 ... 118

6.1	视图	119
6.2	剖面图	121
6.3	断面图	128
6.4	简化画法	131
	小结	133

第7章 建筑施工图 ... 134

7.1	建筑施工图概述	136
7.2	建筑设计总说明和建筑总平面图	144
7.3	建筑平面图	149
7.4	建筑立面图	156
7.5	建筑剖面图	158
7.6	建筑施工图的绘制	160
7.7	建筑详图	171
	小结	176

第8章 结构施工图 ... 177

8.1	概述	178
8.2	钢筋混凝土构件详图	181
8.3	基础图	193
8.4	楼层、屋面结构平面图	199
	小结	203

参考文献 ... 204

第0章 绪 论

教学目标

通过本章的学习，了解建筑工程图在建筑工程中的应用；了解本课程的研究对象；了解本课程的教学任务和目标；掌握本课程的学习方法。

教学要求

能力目标	知识要点	权重
(1) 了解本课程的研究对象 (2) 了解本课程的教学任务和目标	图样在建筑工程中的作用；本课程的性质和作用；本课程的主要内容和能力的培养；本课程的教学目的和任务	50%
掌握本课程的学习方法	建筑制图具有较强的实践性，在学习时必须认真完成一定数量的绘图作业和习题，正确运用各种投影规律，提高绘图和读图能力	50%

1． 本课程的研究对象

根据投影原理，按照国家及相关部门有关标准的统一规定，表示工程对象并附有必要的技术说明的图，称为工程图样。工程图样不仅是表达设计意图、交流技术思想的重要工具，而且是进行指导生产、施工、管理等技术工作的重要技术文件。所以图样有"工程界的语言"之称。工程图样还是一种国际性语言，各国的建筑工程技术之间常以建筑工程图样为媒介进行研讨、交流、招标等活动。因此，凡是从事建筑工程设计、施工、管理的工程技术人员都离不开图样。作为建筑工程方面的技术人员，必须具备熟练绘制和阅读本专业图样的能力，才能更好地从事工程技术工作。

本课程是研究绘制和阅读建筑工程图样的一门课程，是既有理论又有实践的建筑工程类专业必修的技术基础课。

2． 本课程的目的和任务

本课程的主要目的是培养学生绘制和阅读工程图样的能力，以及几何形体的设计能力，同时培养和发展学生的空间想象能力和分析能力。

本课程的主要任务如下。

(1) 学习、贯彻国家制图标准及其他有关规定，培养学生独立查阅、使用标准技术资料的能力。

(2) 正确使用绘图仪器和工具，掌握用仪器绘图和徒手绘制草图的技巧和技能。

(3) 学习投影法，掌握正投影法的基本理论及应用。

(4) 培养绘制和阅读建筑工程图样的基本能力；熟悉有关专业图的内容和图示特点，包括专业制图有关标准规定的图示特点和表达方法；初步掌握绘制和阅读本专业建筑图样的方法。

(5) 培养认真负责的工作态度，严谨、细致的工作作风。

3． 本课程的主要内容和能力的培养

本课程的主要内容和能力的培养包括以下内容。

(1) 画法几何是本课程的理论基础，它是运用正投影原理在平面上正确地图示空间几何问题的手段。

(2) 几何形体设计是培养学生创造性思维的有效方法，它是建筑制图的基础。

(3) 草图绘制是工程技术人员的一种基本技能，它是设计人员快速表达设计思想的一种方法，是用尺规或计算机绘制工程图样时所不能缺少的技能。

(4) 国家标准是绘制工程图样和制定技术文件时所必须遵守的，它起到统一工程语言的作用。本课程介绍常用的工程制图国家标准，培养学生独立查阅、使用标准技术资料的能力。

(5) 培养阅读建筑工程图样的技能是本课程的主要内容之一，根据建筑工程制图的国家标准，按照形体分析等方法进行读图是学生必须具备的能力。

4． 本课程的学习方法

本课程是一门与生产实际密切相关的实践性很强的课程。学习时应注意以下几点。

(1) 扎实掌握正投影的原理和方法，注意空间形体与其投影图之间的联系。

(2) 注意培养从空间(物体)到平面(图样)，再从平面到空间的想象能力和几何形体的构思能力。

(3) 养成自觉遵守工程制图国家标准的良好习惯，不断提高查阅标准的能力。

(4) 掌握形体分析方法、线面分析方法，通过一系列的绘图实践，多看多想多画，提高独立分析能力和解决看图及画图问题的能力。

(5) 自觉完成作业，逐步提高绘图的速度、精度和技能。

(6) 图样在生产中起着指导作用，绘图和读图的任何差错将给生产带来不同程度的损失。因此，在课程学习以及完成作业时，要培养耐心细致的工作作风，树立严肃认真的工作态度。

(7) 要注意提高自学能力。学习时要边看边动手绘图，然后带着不清楚的问题去听。投影理论一环扣一环，前面学习不透彻、不牢固，后面必然会越学越困难，因此必须步步为营，稳扎稳打，由浅入深，循序渐进。

(8) 对于无法理解的投影关系，可在手机打开本书配套的"巧课力"APP，多角度查看投影图对应的立体图，以便正确理解图中的投影关系。

(9) 用手机扫描书中页面的二维码，查看制图相关的图文、视频、案例等学习资源，学习更多相关专业知识，拓展知识面，更好地理解书中所学内容。

【参考图文】

第1章 制图基本知识与技能

教学目标

本章主要介绍《房屋建筑制图统一标准》(GB/T 50001—2010)中的部分内容,并对常用绘图工具的使用、绘图的一般方法步骤、几何作图等,做一些简要介绍。通过本章的学习与作业实践,使学生熟悉制图的基本知识,掌握建筑制图国家标准、几何图形的画法和绘图的基本方法和技能。

教学要求

能力目标	知识要点	权重
(1) 了解图纸幅面、图框规格、标题栏和会签栏的有关规定 (2) 掌握图线的线型、主要用途和画法 (3) 了解长仿宋字、数字和字母的写法 (4) 了解建筑专业制图比例选用的规定 (5) 掌握尺寸标注的基本规则及标注方法	图纸幅面和标题栏的规格;图线的线型、主要用途和画法;汉字、数字和字母的写法;建筑专业制图比例选用的规定;尺寸标注的基本规则及标注方法	45%
了解常用制图仪器与工具的使用方法	图板的规格及使用;丁字尺、三角板、圆规、分规、铅笔等绘图工具的使用	10%
(1) 掌握直线的平行线、垂直线、等分线段的画法 (2) 了解圆内接正多边形和已知边长正五边形的画法 (3) 掌握直线与直线、直线与圆弧、圆弧与圆弧间用曲线连接的方法 (4) 掌握用四心圆弧近似法画椭圆的方法	直线的平行线、垂直线及等分线段的画法;内接正多边形的画法;圆弧连接的方法;椭圆的画法	15%
掌握平面图形的尺寸分类、线段分析及画法	平面图形的尺寸分析和线段分析;平面图形的绘制步骤和方法	30%

引例

有人类历史起便有建筑，建筑总是伴随着人类共存。从建筑的起源发展到建筑文化，经历了几千年的变迁。有许多著名的格言可以帮助我们加深对建筑的认识，如"建筑是石头的史书""建筑是一切艺术之母""建筑是凝固的音乐""建筑是住人的机器""建筑是城市经济制度和社会制度的传记""建筑是城市的重要标志"等。

在我们周围，可以看到各种各样的建筑物。但在建造过程中，无论是巍峨壮丽的高楼大厦，还是简单的房屋，都要有设计完善的图样，才能进行施工。这是因为建筑物的形状、大小、结构、设备、装修等，都不能用人类的语言或文字描述清楚。但却可以借助一系列的图样，将建筑物的艺术造型、外表、形状、内部布置、结构构造、各种设备、地理环境以及其他施工要求，准确而详尽地表达出来，作为施工的根据。所以，图样是建筑工程不可缺少的重要技术资料。对于从事建筑工程的人员来说，若不懂这门"语言"，就是一个"图盲"，在工作中将寸步难行。

【参考图文】

请思考：既然工程图是一种工程上专用的图解文字，那么工程图样的绘制能各行其是吗？若不能，图样绘制应该遵守什么统一标准和规定？

1.1 制图标准的基本规定

一个建筑工程项目，从制定计划到最终建成，必须经过一系列的过程。建筑工程图样的绘制是建筑工程从计划到建成过程中的一个重要环节。为了使房屋建筑图样基本统一，清晰简明，保证图面质量，提高绘图效率和符合设计、施工、存档等要求以适应工程建设的需要，图样的绘制必须遵守统一的规范，这个统一的规范就是国家标准，用 GB 或 GB/T 表示。我国现行的建筑制图标准是由建设部会同有关部门共同对《房屋建筑制图统一标准》等六项标准进行修订而来的。经有关部门会审，现批准《房屋建筑制图统一标准》(GB/T 50001—2010)、《总图制图标准》(GB/T 50103—2010)、《建筑制图标准》(GB/T 50104—2010)、《建筑结构制图标准》(GB/T 50105—2010)、《建筑给水排水制图标准》(GB/T 50106—2010)和《暖通空调制图标准》(GB/T 50114—2010)为国家标准。这些国家标准于 2010 年 8 月 18 日发布，2011 年 3 月 1 日实施。此外，还有《砌体结构设计规范》(GB 50003—2011)于 2012 年 8 月 1 日实施。

【参考图文】

制图国家标准(以下简称国标)是一项所有工程人员在设计、施工、管理中必须严格执行的国家法令。我们从学习制图的第一天起，就应该了解国标的有关知识及要求，并正确理解，严格执行，养成良好的习惯。

1.1.1 图纸幅面和标题栏

为了使图纸整齐，便于装订和保管，国标中规定了图纸的幅面尺寸。

1．幅面尺寸

图纸的幅面是指图纸尺寸规格的大小，图框是指在图纸上绘图范围的界线。图纸的幅面和图框尺寸应符合表 1-1 的规定。其中，长边为 L，宽边为 B，图纸的边线称为图幅线，内部一道封闭线称为图框线，图框线到图幅线的距离分别为 a、c，a 为装订边，另外三个边为 c，随图幅大小而变化。e 是不留装订边的图纸图框线和图幅线的距离。

表 1-1　幅面及图框尺寸　　　　　　　　　　　　　　　单位：mm

幅面代号		A0	A1	A2	A3	A4
尺寸 $B×L$		841×1189	594×841	420×594	297×420	210×297
框边	a	25				
	c	10			5	
	e	20			10	

从表中看出，各幅面代号图纸的基本幅面的尺寸关系是，将上一幅面代号的图纸的长边对裁，即为次一幅面代号的图纸的大小。

如果图纸幅面不够，可将图纸的长边加长，短边不得加长。加长幅面尺寸是由基本幅面的短边成整数倍增加后得出的，例如，A3 的幅面为 297×420，A3×4 的幅面是 420×1189，如图 1.1 中粗实线所示。

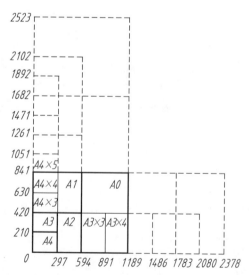

图 1.1　幅面尺寸图

2．图框格式及图纸形式

每幅图必须用粗实线画出图框，图框尺寸符合表 1-1 的规定，其格式有留装订边和不留装订边两种，分别如图 1.2 和图 1.3 所示。

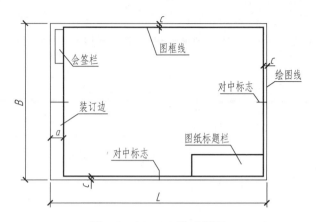

图1.2 A0～A3横式幅面

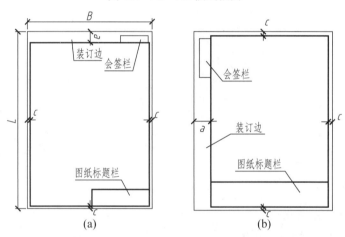

图1.3 A0～A3和A4的立式幅面

图纸以短边作为垂直边称为横式,如图1.2所示;以短边作为水平边称为立式,如图1.3所示。一般A0～A3图纸宜横式使用,A4图纸宜立式使用。

需要微缩复制的图纸,其一个边上应附有一段准确的米制尺度。四个边上均附有对中标志,米制尺度的总长应为100mm,分格为10mm。对中标志应画在幅面线中点处,线宽为0.35mm,伸入框内应为5mm。

一个工程设计中,每个专业所使用的图纸,一般不宜多于两种幅面(不含目录、表格所采用的A4幅面)。

3. 标题栏、会签栏

将工程名称、图名、图号、设计号及设计人、绘图人、审批人的签名和日期等集中列表放在图纸右下角称为标题栏(简称图标)。图标的格式在国家标准中仅做原则的分区规定,各区的具体格式、内容和尺寸,可根据设计单位的需要而定。会签栏是各工种负责人签字用的表格,放在图纸左侧上方的图框线外。

每张图样的右下角均应有标题栏,且标题栏中的文字方向为看图方向。标题栏的外框是中或中粗实线,其右边和底边与图框线重合,其余为细实线。标题栏的格式应按GB/T 50001—2010中有关规定绘制和填写,如图1.4所示。

需要会签的图纸应按图 1.5 的格式绘制会签栏,一个会签栏不够用时,可增加一个,两个会签栏应并列放置。不需会签的图纸,可不设会签栏。

学生作业用标题栏可按图 1.6 的格式绘制。学生制图作业不用会签栏。

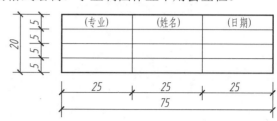

图 1.5　会签栏格式

图 1.4　标题栏格式图

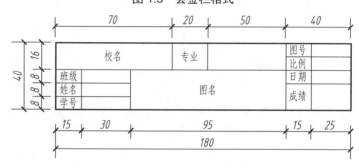

图 1.6　制图作业的标题栏格式

特别提示

(1) 涉外工程的标题栏内,各项主要内容的中文下方应附有译文,设计单位的上方或下方应加"中华人民共和国"字样。

(2) 在计算机制图文件中,当使用电子签名认证时,应符合国家有关电子签名法的规定。

1.1.2　图线

1. 线宽

工程图样都是由各种图线绘制而成的。为了表示不同内容,并分清主次,必须使用不同线型和不同粗细的图线。每个图样都应根据复杂程度与比例大小,先确定基本线宽 b,再选用表 1-2 中适当的线宽组。在同一图样中,同类图线的宽度应一致。

表 1-2　线宽组　　　　　　　　　　　　　　　　　　　　　　　单位:mm

线宽比	线宽组			
b	1.4	1.0	0.7	0.5
$0.7b$	1.0	0.7	0.5	0.35
$0.5b$	0.7	0.5	0.35	0.25

续表

线宽比	线宽组			
0.25b	0.35	0.25	0.18	0.13

注：(1) 需要缩微的图纸，图线不宜采用 0.18 及更细的线宽。
(2) 同一张图纸内，各不同线宽中的细线，可统一采用较细的线宽组的细线。

2. 线型

《房屋建筑制图统一标准》规定工程建设制图应选用表 1-3 中所规定的线型。

【参考视频】

表 1-3　线型

名称		线　型	线宽	一般用途
实线	粗	——————————	b	主要为可见轮廓线
	中粗	——————————	0.7b	可见轮廓线
	中	——————————	0.5b	可见轮廓线、尺寸线、变更云线
	细	——————————	0.25b	图例填充线、家具线
虚线	粗	— — — — — —	b	见各有关专业制图标准
	中粗	— — — — — —	0.7b	不可见轮廓线
	中	— — — — — —	0.5b	不可见轮廓线、图例线
	细	— — — — — —	0.25b	图例填充线、家具线
单点长画线	粗	—·—·—·—	b	见各有关专业制图标准
	中	—·—·—·—	0.5b	见各有关专业制图标准
	细	—·—·—·—	0.25b	中心线、对称线、轴线等
双点长画线	粗	—··—··—	b	见各有关专业制图标准
	中	—··—··—	0.5b	见各有关专业制图标准
	细	—··—··—	0.25b	假想轮廓线、成型前原始轮廓线
折断线	细	——/——	0.25b	断开界线
波浪线	细	～～～～	0.25b	断开界线

注：本表的线型、线宽的用途只做参考，具体应根据图样选用不同的线型及线宽。

3. 图线的画法

(1) 同一图样中，同类图线的宽度应一致；虚线、点画线及双点画线的线段长度和间隔应大致相等。

(2) 两条平行线之间的距离应不小于粗实线的两倍，最小间距不小于 0.7mm。

(3) 绘制圆的对称中心线时，点画线两端应超出圆的轮廓线 2～5mm；首末两端应是线段而不是点画；圆心应是线段的交点。在较小的图形上绘制点画线有困难时可用细实线代替。

(4) 两条线相交应以线相交，而不应相交在点或间隔处。

(5) 直虚线在实线的延长线上相接时，虚线应留出间隔。

(6) 虚线圆弧与实线相切时，虚线与圆弧间应留出间隔。

(7) 点画线、双点画线的首末两端应是线，而不应是点。

(8) 当有两种或更多的图线重合时，通常按图线所表达对象的重要程度优先选择绘制顺序：可见轮廓线—不可见轮廓线—尺寸线—各种用途的细实线—轴线和对称中心线—假想线。

图框线、标题栏线的宽度见表 1-4。

表 1-4 图框线、标题栏线的宽度

幅画代号	图框线	标题栏外框线	标题栏分格线、会签栏线
A0、A1	b	$0.5b$	$0.25b$
A2、A3、A4	b	$0.7b$	$0.35b$

 应用案例 1-1

图线在工程中的实际应用，如图 1.7 所示。

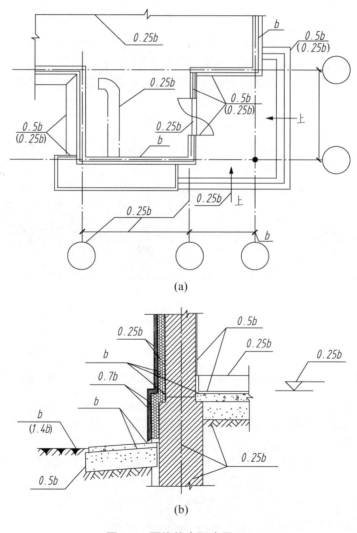

图 1.7 图线的实际应用(一)

0.25b
0.5b
0.7b
0.7b
b
0.25b
0.7b

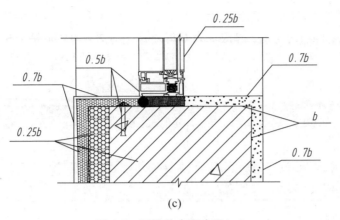

(c)

图 1.7 图线的实际应用(二)

(a) 平面图线宽度选用示例；(b) 墙身剖面图线宽度选用示例；(c) 详图图线宽度选用示例

1.1.3 字体

图样和技术文件中书写的汉字、数字、字母或符号必须做到笔画清晰、字体端正、排列整齐、间隔均匀。字迹潦草不但影响图样质量，而且可能导致不应有的差错，给国家、集体造成损失。因此，一定要加强练习。

1. 汉字

图样中的汉字，应采取国家正式公布的简化字，并用长仿宋体书写。长仿宋体字的高度与宽度见表 1-5。

表 1-5 长仿宋体字高与字宽　　单位：mm

字高	20	14	10	7	5	3.5	2.5	1.8
字宽	14	10	7	5	3.5	2.5	1.8	1.2

大标题、图册封面、地形图等的汉字，也可书写成其他字体，但应易于辨认。

字体的号数即字体的高度(单位为 mm)分为 20、14、10、7、5、3.5、2.5、1.8 八种，汉字的高度应不小于 3.5mm。字体高度与宽度的比值为$\sqrt{2}$，即字宽约为字高的 2/3，如图 1.8 所示。

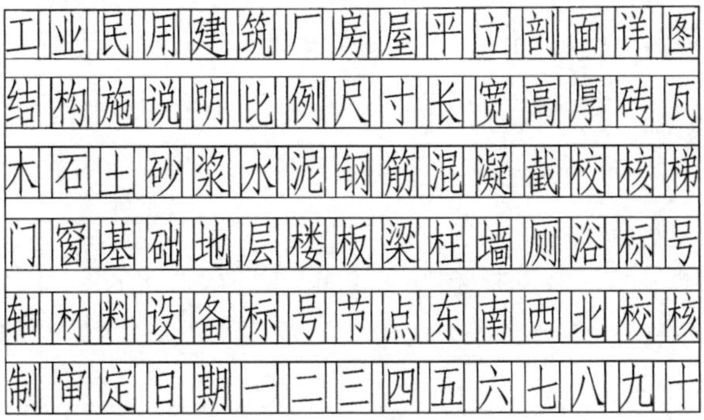

工业民用建筑厂房屋平立剖面详图
结构施说明比例尺寸长宽高厚砖瓦
木石土砂浆水泥钢筋混凝截校核梯
门窗基础地层楼板梁柱墙厕浴标号
轴材料设备标号节点东南西北校核
制审定日期一二三四五六七八九十

图 1.8 长仿宋字示例

仿宋字有八种基本笔画，即横、竖、撇、捺、钩、挑、点和折，其起笔和落笔处都为尖端或三角形见表 1-6。练习时，除应注意写好基本笔画外，还要仔细分析字体的结构特点，合理安排其组成部分所占的比例和位置，掌握部首和偏旁的写法，使写出的字匀称美观。

表 1-6　长仿宋体的基本笔画

名称	横	竖	撇	捺	钩	挑	点	折
形状	一	丨	丿	乀	几	ノ	八	㇅
笔法	一	丨	丿	乀	几	ノ	八	㇅

2. 数字和字母

数字和字母的字体分 A 型和 B 型，又可写成斜体和直体两种，当与汉字混写时，宜写成直体。斜体字的斜度应从字的底线逆时针向上倾斜 75°，字体的高度不应小于 2.5mm，斜体字的高度与宽度应与相应的直体字相等，如图 1.9 所示。

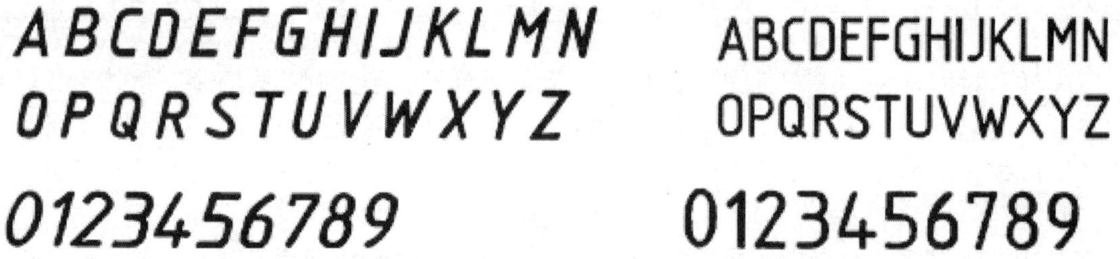

图 1.9　字母、数字示例

(a) 斜体；(b) 直体

拉丁字母 I、O、Z 不宜在图中使用，以防与数字 1、0、2 混淆。

在建筑工程图样中，表示数量的数字应用阿拉伯数字书写，计量单位应符合国家颁布的有关规定。例如，三千六百毫米应写成 3600mm，三百五十二吨应写成 352t，五十千克每立方米应写成 $50kg/m^3$。表示分数时，不得将数字与文字混合书写。例如，四分之三应写成 3/4，不得写成 4 分之 3；百分之三十五应写成 35%，不得写成百分之 35。不够整数的小数数字，应在小数点前加"0"定位，如 0.15、0.004 等。

1.1.4 比例和图名

1. 比例

建筑制图比例是指图形与其实际相应要素的线性尺寸之比。绘图所用的比例，应根据图样的用途与所绘制对象的复杂程度从表 1-7 中选用。建筑专业制图选用的比例宜符合表 1-8 的规定。

表 1-7 绘图所用比例

常用比例	1∶1、1∶2、1∶5、1∶10、1∶20、1∶50 1∶100、1∶200、1∶500、1∶1000 1∶2000、1∶5000、1∶10000、1∶20000 1∶50000、1∶100000、1∶200000
可用比例	1∶3、1∶15、1∶25、1∶30、1∶40、1∶60 1∶150、1∶250、1∶300、1∶400、1∶600 1∶1500、1∶2500、1∶3000、1∶4000 1∶6000、1∶15000、1∶30000

表 1-8 建筑专业制图选用比例

图 名	比 例
建筑物或构筑物的平面图、立面图、剖视图	1∶50、1∶100、1∶200
建筑物或构筑物的局部放大图	1∶10、1∶20、1∶50
配件及构造详图	1∶1、1∶2、1∶5、1∶10、1∶20、1∶50

2．图名

按规定在图样下方应用长仿宋字体写上图样名称和绘图比例。比例宜注写在图名的右侧，字的基准线应取平；比例的字高宜比图名字高小一号或二号，图名下应画一条粗实线，长度应与图名文字所占长度相同，如图 1.10 所示。

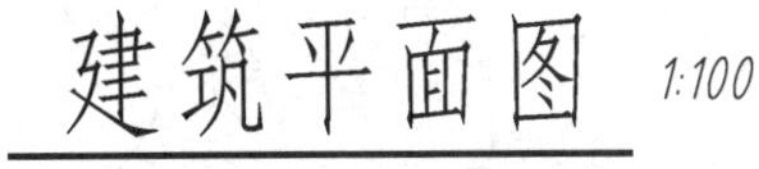

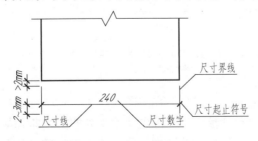

图 1.10 图名和比例

1.1.5 尺寸标注

尺寸在图纸上占有重要的地位。建筑工程施工是根据图纸上的尺寸进行的，因此在绘图时必须保证所标注的尺寸完整、清楚和准确。

1．尺寸的组成

图样中的尺寸由尺寸界线、尺寸线、尺寸数字和尺寸起止符号组成，如图 1.11 所示。

图 1.11 尺寸的组成

1) 尺寸界线

尺寸界线用来限定所注尺寸的范围,应用细实线绘制,一般应与被注长度垂直,其一端应离开图样轮廓线不小于 2mm,另一端宜超出尺寸线 2~3mm。必要时,图样轮廓线可用作尺寸界线。

2) 尺寸线

尺寸线用来表示尺寸的方向,用细实线绘制,应与被注长度平行,且不宜超出尺寸界线。图样本身的任何图线均不得用作尺寸线。

3) 起止符号

起止符号用以表示尺寸的起止,一般应用中粗斜短线绘制,其倾斜方向应与尺寸界线成顺时针 45°角,长度宜为 2~3mm。

半径、直径、角度与弧长的尺寸起止符号宜用箭头表示,如图 1.12 所示。

4) 尺寸数字

图样上的尺寸数字为物体的实际大小,与采用的比例无关,建筑工程图上的尺寸单位,除标高及总平面图以 m 为单位外,均必须以 mm 为单位。

尺寸数字的读数方向,应按图 1.13(a)的规定标注;如果尺寸数字在 30°斜线区内,宜按图 1.13(b)的形式标注。

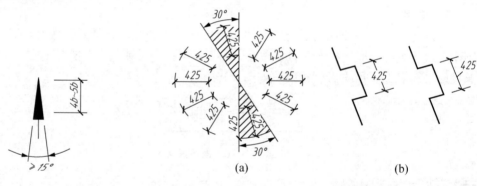

图 1.12　箭头　　　　　　　图 1.13　尺寸数字的读数方向

尺寸数字应依据其读数方向注写在靠近尺寸线的上方中部,如果没有足够的标注位置,最外侧的尺寸数字可标注在尺寸界线的外侧,中间相邻的尺寸数字可错开标注,也可引出标注,如图 1.14 所示。

图 1.14　尺寸数字的标注位置

5) 尺寸的排列与布置

尺寸宜标注在图样轮廓线以外,不宜与图线、文字及符号等相交,如图 1.15(a)所示;图线不得穿过尺寸数字,不可避免时应将尺寸数字处的图线断开如图 1.15(b)所示。

互相平行的尺寸线,应从被注的图样轮廓线由近向远整齐排列,小尺寸线应离轮廓线较近,大尺寸线应离轮廓线较远。

图样轮廓线以外的尺寸线,距图样最外轮廓线之间的距离不宜小于 10mm。平行排列的尺寸线的距离,宜为 7~10mm,总尺寸的尺寸界线应靠近所指部位,中间的分尺寸的尺寸界线可稍短,但其长度应相等如图 1.15(c)所示。

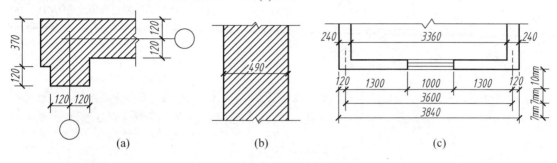

图 1.15 尺寸标注要求

2. 尺寸注法示例

常见的尺寸标注形式见表 1-9。

表 1-9 常见的尺寸标注形式

内容	图例	说明
标注半径		半圆和小于半圆的弧一般标注半径,半径的尺寸线应一端从圆心开始,另一端画箭头指至圆弧。半径数字前应加注半径符号"R"
标注直径		圆和大于半圆的弧一般标注直径,直径数字前应加符号"ϕ"。在圆内标注的直径尺寸应通过圆心,其两端箭头指至圆弧,较小的圆的直径尺寸可标注在圆外
标注大圆弧		较大圆弧的半径可按左面图例的形式标注
标注圆球		标注球的半径时,应在尺寸数字前加注符号"SR";标注球的直径尺寸时,应在尺寸数字前加注符号"$S\phi$"。它的标注方法与圆弧半径和圆直径的尺寸标注方法相同

续表

内容	图例	说明
标注角度		角度的尺寸线应以圆弧线表示。该圆弧的圆心应是该角的顶点，角的两个边为尺寸界线。角度的起止符号应以箭头表示，如没有足够的位置画箭头，可以用圆点代替。角度数字应水平方向标注
标注弧长和弦长		标注圆弧的弧长时，尺寸线用与该圆弧同心的圆弧线表示，尺寸线应垂直于该圆弧的弦，起止符号应以箭头表示，弧长数字的上方应加注圆弧符号。 标注圆弧的弦长时，尺寸线应以平行于该弦的直线表示，尺寸界线应垂直于该弦，起止符号应以中粗短斜线表示
标注坡度	(a) (b) (c)	标注坡度时，在坡度数字下应加注坡度符号，坡度符号的箭头一般应指向下坡方向。坡度也可用直角三角形形式标注

 **特别提示**

绘制建筑施工图，不能各行其是，否则将无法进行设计、施工和验收工程。这就必须有统一的标准，即建筑制图国家标准。制图国家标准是一项所有工程人员在设计、施工、管理中必须严格执行的国家条例。

 **知识链接**

《房屋建筑制图统一标准》的主要内容

1. 总则。规定了本标准的适用范围。
2. 图纸幅面规格与图纸编排顺序。规定了图纸幅面的格式、尺寸的要求，标题栏、会签栏的位置及图纸编排的顺序。
3. 图线。规定了图线的线型、线宽及用途。
4. 字体。规定了图样上的文字、数字、字母、符号的书写要求和规则。
5. 比例。规定了比例的系列和用法。
6. 符号。对图面符号做了统一的规定。
7. 定位轴线。规定了定位轴线的绘制方法、编号、编写方法。
8. 常用建筑材料图例。规定了常用建筑材料的统一画法。
9. 图样画法。规定了图样的投影法、图样布置、断面图与剖面图、轴测图等的画法。
10. 尺寸标注。规定了标注尺寸的方法。

1.2 绘图工具及仪器

在绘制建筑工程图样时，了解常用绘图仪器与工具的构造和性能，掌握其正确使用的方法，是提高绘图水平和保证绘图质量的重要条件之一。

1.2.1 图板

图板用来固定图纸。它的两面由胶合板组成，四周边框镶有硬质木条。绘图板的板面要平整，工作边(即短边)要平直。图纸宜用胶带纸固定在图板上，位置要适当，居中偏左下为宜，如图1.16所示。图板有0号(1200mm×900mm，用于A0图纸)，1号(900mm×600mm，用于A1图纸)，2号(600mm×450mm，用于A2图纸)等规格，可根据不同图幅的大小相应选用。图板放在桌子上，板身要略为倾斜。为防止图板翘曲变形，图板应防止受潮、曝晒和烘烤，不能用刀具或硬质材料在图板上任意刻划。

1.2.2 丁字尺

丁字尺由尺头和尺身组成，是用来画水平线的。目前使用的丁字尺大多是用有机玻璃制成的，尺头与尺身固定成90°角，如图1.16所示。

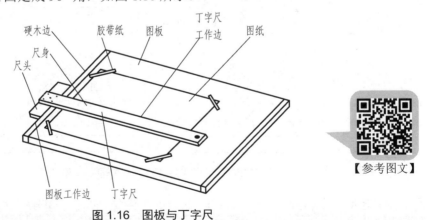

图1.16　图板与丁字尺

使用丁字尺画线时，尺头应紧靠图板左侧，以左手扶尺头，使尺上下移动。要先对准位置，再用左手压住尺身，然后画线，如图1.17所示。切勿图省事直接推动尺身，使尺头脱离图板工作边，也不能将丁字尺靠在图板的其他边画线。

特别应注意保护丁字尺的工作边，保证其平整光滑，不能用小刀靠住尺身切割纸张。不用时应将丁字尺装在尺套内悬挂起来，防止压弯变形。

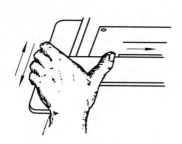
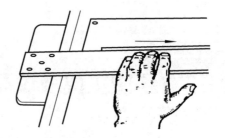

图 1.17 上下移动丁字尺及画线的方法

1.2.3 三角板

  一副三角板有两块，一块是等腰直角三角形，另一块是两个锐角分别为 30°和 60°的直角三角形。三角板的大小规格较多，绘图时应灵活选用。一般宜选用板面略厚，两直角边有斜坡，边上有刻度或有量角刻线的三角板。三角板应保持各边平直，避免碰摔。

  三角板与丁字尺配合使用，可画垂直线及与丁字尺工作边成 15°、30°、45°、60°、75°等各种斜线，如图 1.18 所示。两块三角板配合使用，能画出垂直线和各种斜线及其平行线。

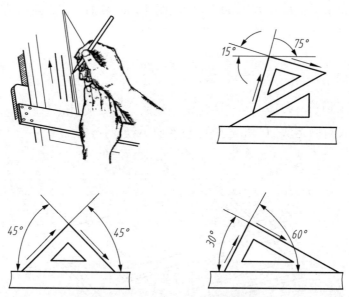

图 1.18 三角板与丁字尺配合使用

1.2.4 圆规与分规

  圆规是画圆和圆弧的工具，一条腿上安装针脚，另一条腿可装上铅芯、钢针、直线笔三种插脚，如图 1.19 所示。圆规在使用前应先调整针脚，使针尖稍长于铅笔芯或直线笔的笔尖，取好半径，对准圆心，并使圆规略向旋转方向倾斜，按顺时针方向从右下角开始画圆。画圆或圆弧都应一次完成。

分规是等分线段和量取线段的工具,两腿端部均装有固定钢针。使用时,要先检查分规两腿的针尖靠拢后是否平齐。分规的使用方法如图 1.20 所示。

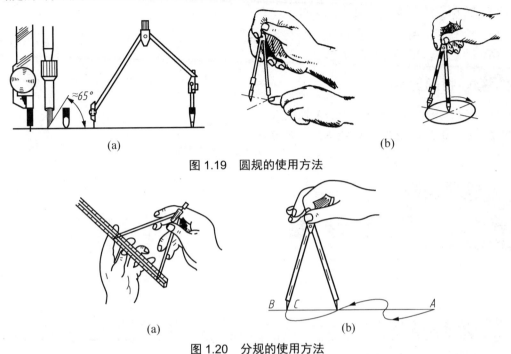

图 1.19　圆规的使用方法

图 1.20　分规的使用方法

1.2.5　铅笔

绘图铅笔的铅芯有软硬之分,分别用字母 B 和 H 表示,B 前的数字越大表示铅芯越软;H 前的数字越大表示铅芯越硬;HB 表示软硬适中。

铅笔应从没有标志的一端开始使用,以便保留标记,供使用时辨认。铅笔应削成圆锥形,削去约 30mm,铅芯露出 6～8mm。HB 铅笔铅芯可在砂纸上磨成圆锥形,B 铅笔的铅芯磨成四棱锥形,如图 1.21 所示,前者用来画底稿、加深细线和写字,后者用来描粗线。

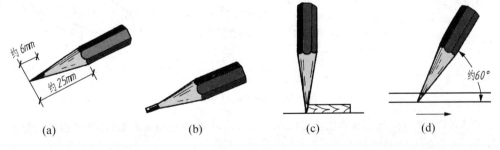

图 1.21　铅笔

1.2.6　其他

(1) 胶带纸。用于固定图纸。

(2) 橡皮。用于擦去不需要的图线等，应选用软橡皮擦铅笔图线，硬橡皮擦墨线。
(3) 小刀。用于削铅笔。
(4) 刀片。用于修整图纸上的墨线。
(5) 软毛刷。用于清扫橡皮屑，保持图面清洁。
(6) 砂皮纸。用于修磨铅笔芯。

特别提示

(1) 使用分规可以等分线段和量取线段。
(2) 要习惯配合使用三角板与丁字尺画线。

1.3 几何作图

1.3.1 等分线段

等分线段的方法在绘制楼梯图、花格图等图形时经常用到，它也是基本的作图方法之一。

1．任意等分线段

把已知线段五等分，可用作平行线法求得各等分点，其作图方法和步骤如图 1.22 所示。

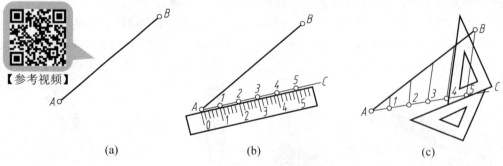

图 1.22　线段的任意等分

(a) 已知直线段 AB；(b) 过点 A 作任意直线 AC，用直尺在 AC 上从点 A 起截取任意长度的五等分，得 1、2、3、4、5 点；(c) 连接 B5，然后过其他点分别作直线平行于 B5，交 AB 于四个等分点，即为所求

2．两平行线间的任意等分

在建筑制图中经常用到等分两平行线间的距离，其作图方法和步骤(以五等分为例)如图 1.23 所示。

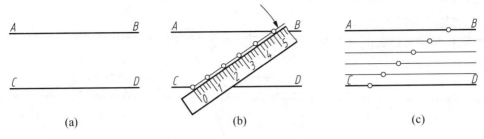

图 1.23　两平行线间的任意等分

(a) 已知平行线 AB 和 CD；(b) 置直尺 0 点于 CD 上，摆动尺身使得刻度 5 落在 AB 上，截得 1、2、3、4 各等分点；(c) 过各等分点作 AB(或 CD)的平行线，即为所求

1.3.2　正多边形的画法

圆的内接正三、四、六、八、十二边形，都可以用丁字尺配合三角板画出，圆内接正五边形，可用五等分圆周的方法画出。圆内接任意正多边形，可通过近似等分圆周法画出，也可用查表的方法在求得边长以后再画出。

1. 作圆的内接正三角形

作圆的内接正三角形的方法和步骤如图 1.24 所示。

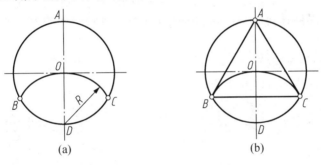

图 1.24　作圆的内接正三角形

(a) 以 D 为圆心，R 为半径作弧得 BC；(b) 连接 AB、BC、CA 即得圆内接正三角形图

2. 作圆的内接正六边形

作圆的内接正六边形的方法和步骤如图 1.25 所示。

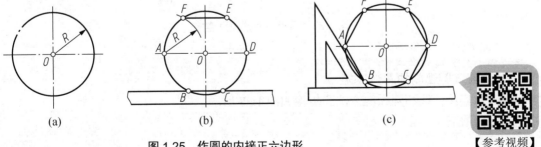

图 1.25　作圆的内接正六边形

(a) 已知半径为 R 的圆；(b) 以 A、D 为圆心，R 为半径划分圆周为六等分；(c) 顺序将各等分点连接起来，即为所求

3．作圆内接正五边形

作圆内接正五边形的方法和步骤如图 1.26 所示。

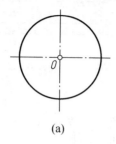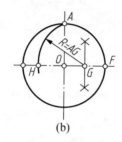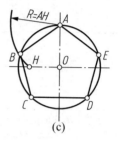

图 1.26　作圆的内接正五边形

(a) 已知圆心 O；(b) 作半径 OF 的等分点 G，以 G 为圆心，GA 为半径作圆弧，交直径于 H；(c) 以 AH 为半径，分圆周为五等分，顺序连各等分点 A、B、C、D、E，即为所求

1.3.3　圆弧的连接

建筑物或构件的轮廓，有的是简单的几何图形(如正多边形、圆、椭圆等)，有的则是由各种线段(如直线、圆弧等)连接而成的。圆弧连接就是用圆弧把直线与直线、直线与圆弧、圆弧与圆弧光滑地连接起来，它们的连接点就是连接线的切点。下面介绍几种圆弧连接的方法。

1．两直线间的圆弧连接

用圆弧连接两直线的方法和步骤如图 1.27 所示。

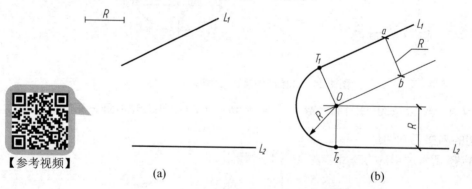

图 1.27　两直线间的圆弧连接

(a) 已知；(b) 作图

2．直线与圆弧间的圆弧连接

用圆弧连接直线和圆弧的方法和步骤如图 1.28 所示。

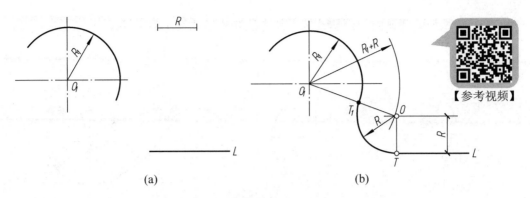

图 1.28　用圆弧连接直线和圆弧

(a) 已知；(b) 作图

3．两圆弧间的圆弧连接

用圆弧连接两圆弧有三种情况，即圆弧与两圆弧外切连接、圆弧与两圆弧内切连接和圆弧与两圆弧内、外切连接。

(1) 圆弧与两圆弧外切连接，其方法和步骤如图 1.29 所示。

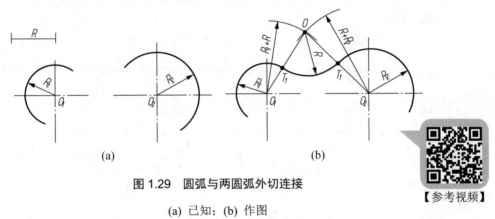

图 1.29　圆弧与两圆弧外切连接

(a) 已知；(b) 作图

(2) 圆弧与两圆弧内切连接，其方法和步骤如图 1.30 所示。

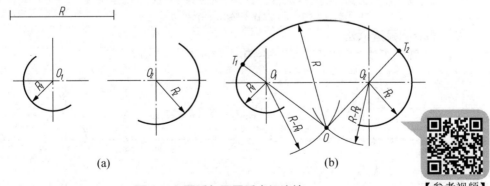

图 1.30　圆弧与两圆弧内切连接

(a) 已知；(b) 作图

(3) 圆弧与两圆弧内、外切连接，其方法和步骤如图 1.31 所示。

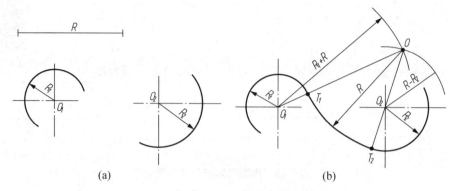

图 1.31　圆弧与两圆弧内、外切连接
(a) 已知；(b) 作图

1.3.4　椭圆的画法

椭圆的画法较多，这里仅介绍用同心圆法和四心圆弧近似法作椭圆。

1. 同心圆法

用同心圆法作椭圆，其方法和步骤如图 1.32 所示。

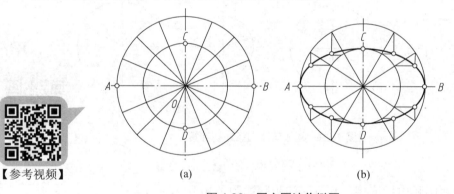

图 1.32　同心圆法作椭圆
(a) 已知；(b) 作图

2. 四心圆弧近似法

用四心圆弧近似法作椭圆，其方法和步骤如图 1.33 所示。

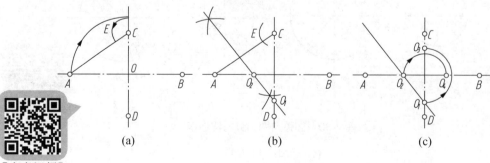

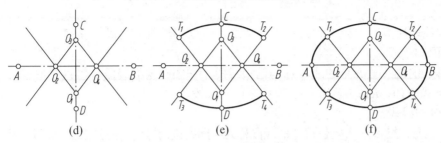

图 1.33　四心圆弧法作近似椭圆(一)

图 1.33　四心圆弧法作近似椭圆(二)

(a) 连接 AC，在 AC 上截取点 E，使 $CE=OA-OC$；(b) 作线段 AE 的中垂线并与短轴交于 O_1、与长轴交于 O_2；(c) 在 CD、AB 上找到 O_1、O_2 的对称点 O_3、O_4，则 O_1、O_2、O_3、O_4 即为四段圆弧的四个圆心；(d) 将四个圆心点两两相连，得出四条连心线；(e) 以 O_1、O_3 为圆心，$O_1C=O_3D$ 为半径，分别画弧 T_1T_2 和 T_3T_4；(f) 以 O_2、O_4 为圆心，$O_2A=O_4B$ 为半径分别画圆弧 T_1T_3 和 T_2T_4，完成所作的椭圆

1.4　平面图形的画法

一般平面图形都由若干线段连接而成。要正确绘制一个平面图形，必须对平面图形进行尺寸分析和线段分析，从而确定平面图形的画图顺序和步骤。

1.4.1　平面图形尺寸分析

平面图形上的尺寸，按作用可分为定形尺寸和定位尺寸两类。有时，一个尺寸可以兼有定形和定位两种作用。

标注尺寸的起点称为尺寸基准，平面图形中尺寸基准是点或线，常用的点基准有圆心、球心、多边形中心点、角点等，线基准往往是图形的对称中心线或图形中的边线。

1. 定形尺寸

定形尺寸是确定平面图形各组成部分形状、大小的尺寸，如确定直线的长度、角度的大小、圆弧的半径或直径等。图 1.34 中 $R10$、$R12$、$\phi 5$ 等都是定形尺寸。

2. 定位尺寸

定位尺寸是确定平面图形各组成部分相对位置的尺寸。图 1.34 中 45、75、8 等都是定位尺寸。

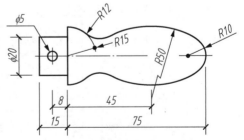

图 1.34　平面图形尺寸分析

1.4.2 平面图形线段分析

根据线段所具有的定形、定位尺寸情况，可以将线段分为以下三类。

1. 已知线段

定形、定位尺寸齐全的线段称为已知线段。作图时该类线段可以直接根据尺寸作图。如图 1.34 中 $R10$、$R15$、$\phi 20$、15 等都是已知线段。

2. 中间线段

只有定形尺寸和一个定位尺寸的线段称为中间线段。作图时必须根据该线段与相邻已知线段的几何关系，通过几何作图的方法确定另一定位尺寸后才能作出，如图 1.34 中的 $R50$ 圆弧。

3. 连接线段

只有定形尺寸没有定位尺寸的线段称为连接线段。其定位尺寸需根据与该线段相邻的两线段的几何关系，通过几何作图的方法求出，如图 1.34 中的 $R12$ 圆弧。

1.4.3 平面图形的作图步骤

(1) 画基准线、定位线。
(2) 画已知线段。
(3) 画中间线段。
(4) 画连接线段。
(5) 整理全图，检查无误后加深图线，标注尺寸。

应用案例 1-2

现以图 1.35 所示的平面图形为例，介绍绘图的方法与步骤。

绘图的一般步骤如下。

(1) 收集阅读有关的文件资料，对所绘图样的内容及要求进行了解，绘图之前做到心中有数。
(2) 准备好必要的绘图仪器、工具和用品。
(3) 将图纸用胶带纸固定在图板上，位置要适当。
(4) 画底稿。

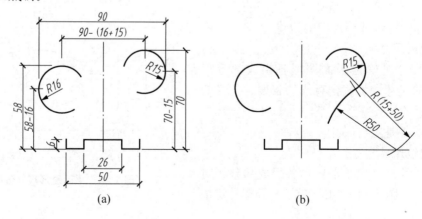

(a)　　　　　　　　　　　(b)

图 1.35 平面图形的绘图方法与步骤(一)

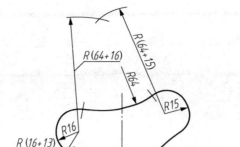

图 1.35 平面图形的绘图方法与步骤(二)

(a) 作已知线段；(b) 作中间线段；(c) 作连接线段

按制图标准的要求，先把图框线及标题栏的位置画好。根据图样的数量、大小及复杂程度选择比例，安排图位，定好图形的中心线，再顺次画出已知线段、中间线段、连接线段。画底稿的步骤如图 1.35(a)、(b)、(c)所示。

小　　结

本章主要介绍了《房屋建筑制图统一标准》(GB/T 50001—2010)的部分内容，常用的绘图工具和仪器的使用，几何作图的方法和绘图的步骤。

通过本章的学习：

(1) 熟悉图纸幅面的代号、比例、各种线型、字体等制图标准。

(2) 掌握常用绘图工具的使用方法以及仪器绘图的操作方法和技能(包括布图、画底稿、加深等)。

(3) 掌握尺寸线、尺寸界限以及尺寸数字的标注规则。学会直径尺寸、半径尺寸、角度以及小尺寸的标注方法。

(4) 学会长仿宋体字、数字、字母的正确书写方法。

(5) 掌握绘制工程上常用基本几何图形的方法。

(6) 《房屋建筑制图统一标准》(GB/T 50001—2010)是国家标准，具有法律性和严肃性，必须严格执行。因此，在学习中，应自觉培养遵循国标的习惯。

【在线答题】

第 2 章　正投影基本知识

教学目标

通过本章的学习，熟悉投影的概念、分类和方法；掌握正投影的特性；掌握各种位置点、线、面的投影特性和作图方法；掌握直线上点的投影特性以及在平面上作点和直线的方法。

教学要求

能 力 目 标	知 识 要 点	权重
熟悉投影的概念、方法和分类	投影的形成、分类	15%
掌握正投影的特性	正投影的特性；三面投影图	30%
熟练掌握点的投影规律及点的投影与该点直角坐标的关系；掌握两点的相对位置及重影点可见性的判别	点的三面投影及投影规律；两点的相对位置与重影点	15%
掌握各种位置直线的投影特性和作图方法；掌握直线上的点的投影特性及定比关系；掌握两直线平行、相交、交叉三种相对位置的投影特性	各种位置直线的投影特性和作图方法；两直线三种相对位置的投影特性	20%
掌握各种位置平面的投影特性及作图方法；掌握平面内的点和直线的几何条件及作图方法	各种位置平面的投影特性；平面内的点和直线	20%

第 2 章 正投影基本知识

🏠 引例

在日常生活中,我们常常看到物体在光线的照射下在地面或墙面上产生影子的现象。当光线的照射角度或距离发生改变时,形体影子的位置、形状等也会随之改变。

请思考:墙面上的影子可以反映一个物体的实际形状吗?是否可以通过投影将空间的三维物体转变为平面上的二维图形?如何投影能够准确、全面地表达出形体的形状和尺寸大小?

2.1 投影的概念

对工程图样的基本要求是能在一个平面上准确地表达形体的几何形状和大小。建筑工程中所使用的图样是根据投影的方法绘制的。投影原理和投影方法是绘制投影图的基础,掌握了投影原理和投影方法,就容易学会绘制和识读各种工程图样。

2.1.1 投影的形成

物体在光线的照射下,会在地面或墙面上产生影子。人们从光线、形体和影子之间的内在联系中,经过科学的总结归纳,形成了在平面上作出形体投影的原理和投影作图的基本规则和方法。

影子只反映了物体的外形轮廓,而侧面的轮廓均未反映出来,如图 2.1(a)所示。假设光线能够透过物体而将物体的各个顶点和棱线在平面上投落它们的影,这些点和线的影将组成一个能够反映出物体形状的图形,这个图形称为物体的投影图。

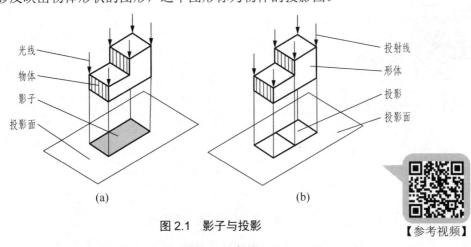

图 2.1 影子与投影

(a) 影子;(b) 投影

【参考视频】

如图 2.1(b)所示，在投影理论中，人们将物体称为形体，把光源称为投影中心，表示光线的线称为投射线，光线射向的方向称为投射方向，落影的平面(如地面、墙面等)称为投影面，所产生的影子称为投影。用投影表示形体的形状和大小的方法称为投影法，用投影法画出的形体图形称为投影图。

产生投影必须具备下面三个条件：投射线、投影面和形体。三者缺一不可，称为投影三要素。

2.1.2 投影法分类

根据投影中心与投影面距离的远近，投影法一般可分为中心投影法和平行投影法两大类。

1．中心投影法

当投影中心距投影面为有限远时，所有的投射线都从投影中心一点出发(如同人眼观看物体或电灯照射物体)，这种投影方法称为中心投影法，如图 2.2(a)所示。用这种投影法作出的投影图，其大小和原形体不相等，不能准确地度量出形体的尺寸大小，即度量性差。但通常能反映表达对象的三维空间形态，立体感强。这种图习惯上被称为透视投影图。

2．平行投影法

当投影中心距投影面为无穷远时，所有的投射线变得互相平行(如同太阳光一样)，这种投影法称为平行投影法。根据投射线与投影面的相对位置的不同，又可分为正投影法和斜投影法两种，如图2.2(b)、(c)所示。

投射线垂直于投影面产生的平行投影称为正投影，投射线倾斜于投影面产生的平行投影称为斜投影。

为了把形体各面和内部形状变化都反映在投影图中，人们可以假设投射线能透过形体，并用虚线表示那些看不见的轮廓线，这样就可将某些内部构造表示出来。一般的建筑工程图都是用正投影法绘制出来的，利用正投影法绘制的工程图样称为正投影图。

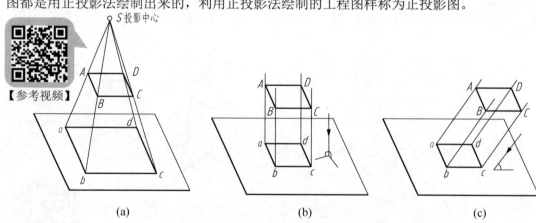

图 2.2 中心投影和平行投影

(a) 中心投影法；(b) 正投影法；(c) 斜投影法

2.1.3 工程上常用的投影图

【参考图文】

在建筑工程中，由于表达的目的和被表达对象特性不同，往往采用不同的投影图，常用的投影图有以下四种。

1．透视投影图

透视投影图简称透视图，它是用中心投影法绘制的，如图 2.3 所示。透视图的优点是比较符合视觉规律、图形逼真、立体感强，缺点是一般不能直接度量，绘制过程也较复杂，常用于建筑物的效果表现图及工业产品的展示图等，一般美术作品都符合透视投影的规律。

2．轴测投影图

轴测投影图简称轴测图，是按平行投影法绘制的，如图 2.4 所示。轴测图的优点是直观性强；缺点是不能反映物体各表面的准确形状，度量性差，作图方法复杂，一般用为工程图的辅助图样。

图 2.3　透视投影图

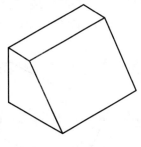

图 2.4　轴测投影图

3．正投影图

用正投影法把物体向两个或两个以上的相互垂直的投影面进行投影所得到的图样称为多面正投影图，简称正投影图，如图 2.5 所示。正投影图的优点是作图简便、度量性好，在工程中应用最广，缺点是直观性差，缺乏投影知识的人不易看懂。

4．标高投影图

标高投影图是一种带有数字标记的单面正投影图。在土建工程中，常用来绘制地形图、建筑总平面图和道路等方面的平面布置图样。如图 2.6 所示。用间隔相等的水平面截切地形面，其交线即为等高线，作出它们在水平面上的正投影，并在其上标注出高程数字，即为标高投影图，从而表达出该处的地形情况。

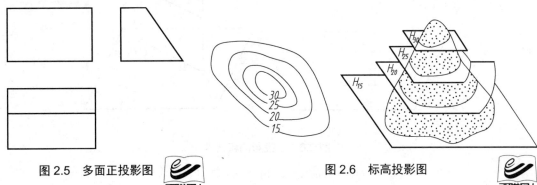

图 2.5　多面正投影图 　　　　图 2.6　标高投影图

特别提示

由于正投影是工程图的主要图示方法，所以学习投影理论时以学习正投影为主。后面如不特别指明，所述投影均为正投影。

2.2 正投影的特性

【参考视频】

在建筑施工图中，最常使用的是正投影，正投影一般有以下几个特性。

1．实形性

当线段或平面图形平行于投影面时，其投影反映线段实长或平面图形实形，如图 2.7(a)、(b)所示。

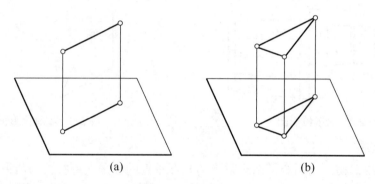

图 2.7　正投影的实形性

(a) 线段的投影；(b) 平面图形的投影

2．积聚性

当直线或平面图形垂直于投影面时，其投影积聚成点或直线，如图 2.8(a)、(b)所示。

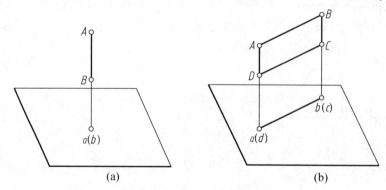

图 2.8　正投影的积聚性

(a) 线段的投影；(b) 平面图形的投影

3．类似性

当直线或平面图形既不平行也不垂直于投影面时,直线的投影仍然是直线,平面图形的投影是原图形的类似形,但直线或平面图形的投影小于实长或实形,如图 2.9(a)、(b) 所示。

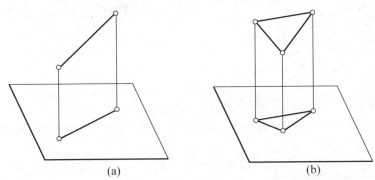

图 2.9　正投影的类似性

(a) 线段的投影；(b) 平面图形的投影

4．平行性

互相平行的两直线在同一个投影面上的投影仍然平行。

5．定比性

直线上一点所分直线线段的长度之比等于它们的投影长度之比；两条空间平行线段的长度之比等于它们没有积聚性的投影长度之比。

6．从属性

几何元素的从属关系在投影中不会发生改变,如属于直线的点的投影必属于直线的投影,属于平面的点和线的投影必属于平面的投影。

2.3　三面投影图

图样是施工操作的依据,应尽可能反映形体各部分的形状和大小。如果一个形体只向一个投影面投射,则所得到的正投影图,不能完整地表示出这个形体各个表面及整体的形状和大小。图 2.10 中三个不同形状的形体,在同一个投影面的投影图却是相同的,可见只用一个方向的投影是不能完全反映形体的真实形状和大小的。

如将形体放在三个相互垂直的投影面之间,用三组分别垂直于三个投影面的平行投射线投影,由此就可得到这些形体在三个不同方向的正投影,如图 2.11 所示。这样就可比较完整地反映出形体顶面、正面及侧面的形状和大小。

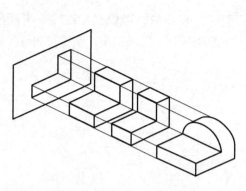

图 2.10 物体的一面投影图

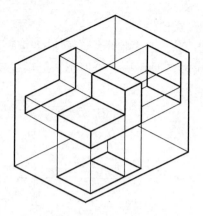

图 2.11 物体的三面投影图

2.3.1 三面正投影图的形成

三个相互垂直的投影面，构成了三投影面体系，又称三面三轴一交点体系，如图 2.12(a)所示。

在三投影面体系中，三面分别为水平投影面，用字母 H 表示，简称 H 面，物体在 H 面上产生的投影称为 H 面投影，也称为水平投影；正立投影面，用字母 V 表示，简称 V 面，物体在 V 面上产生的投影称为 V 面投影，也称为正面投影；侧立投影面，用字母 W 表示，简称 W 面，物体在 W 面上产生的投影称为 W 面投影，也称为侧面投影，如图 2.12(b)所示。

三个投影面的两两相交线 OX、OY、OZ 称为投影轴，它们相互垂直。三条投影轴相交于一点 O，称为原点。

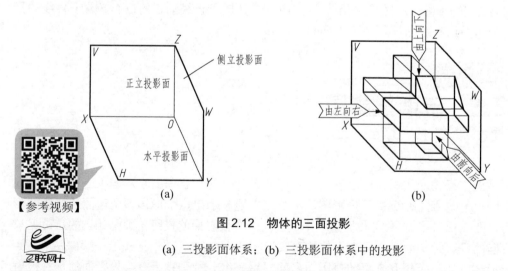

图 2.12 物体的三面投影

(a) 三投影面体系；(b) 三投影面体系中的投影

2.3.2 三面投影图的展开

为了把空间三个投影面上所得到的投影画在一个平面上，需将三个相互垂直的投影面展开为一个平面。若令 V 面保持不动，H 面绕 OX 轴向下翻转 90°，W 面绕 OZ 轴向右翻转 90°，则它们就和 V 面在同一个平面上，如图 2.13 所示。

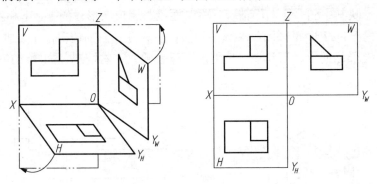

图 2.13 三面投影图的展开

三个投影面展开后，三条投影轴成为两条垂直相交的直线。原 OX、OZ 轴的位置不变。原 OY 轴则分为两条，在 H 面上的用 OY_H 表示，它与 OZ 轴成一条直线；在 W 面上的用 OY_W 表示，它与 OX 轴成一条直线。

从展开后的三面正投影位置来看，H 面投影在 V 面投影的正下方；W 面投影在 V 面投影的正右方。按照这种位置画投影图时，在图样上可以不标注投影面、投影轴和投影图的名称。

 特别提示

由于投影面是我们设想的，并无固定的大小及边界范围，而投影图与投影面的大小无关，因此作图时也可以不画出投影面的边界，在工程图样中投影轴一般也不画出来。但在初学投影作图时，最好将投影轴保留，并将投影轴用细实线画出。

2.3.3 三面正投影图的特性

一个形体可用三面正投影图来表示它的整体情况。形体的三个投影图之间既有区别又互相联系。

1. 度量关系

一般形体都具有长、宽、高三个方向的尺度。在三面投影体系中，形体的长度是指形体上最左和最右两点之间平行于 X 轴方向的距离，宽度是指形体上最前和最后两点之间平行于 Y 轴方向的距离，高度指形体上最上和最下两点之间平行于 Z 轴方向的距离。由此，形体的 V 面投影反映了形体的正面形状和形体的长度及高度，形体的 H 面投影反映了形体水平面的形状和形体的长度及宽度，形体的 W 面投影反映了形体左侧面的形状和形体的高度及宽度。把三个投影图联系起来看，就可以得出这三个投影之间的相互关系，即 V 面投影和 H 面投影"长相等"、V 面投影和 W 面投影"高相等"、H 面投影和 W 面投影"宽相等"。为便于作图和记忆，概括为"长对正、高平齐、宽相等"。

2. 位置关系

任何一个形体都有上、下、左、右、前、后六个方向的形状和大小。在三个投影图中，每个投影图都反映其中四个方向的情况，即 V 面投影图反映形体的上、下和左、右的情况，不反映前、后情况；H 面投影图反映形体的前、后和左、右的情况，不反映上、下情况；W 面投影图反映形体的上、下和前、后情况，不反映左、右情况，如图 2.14 所示。

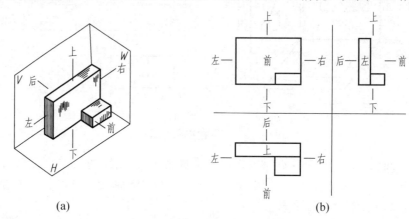

图 2.14　投影图和物体的位置对应关系

熟练掌握在投影图上识别形体各方向的形状和大小，对识图有很大的帮助。

用三面正投影表示一个形体是各种工程图常采用的表现方法。但是形体的形状是多种多样的，有的简单，有的复杂，有些简单形体只需用两个甚至一个投影图标明直径符号和尺寸就能表达清楚。

2.3.4　三面正投影图的作图方法和符号约定

1. 三面正投影图的作图方法和步骤

绘制三面正投影图时，一般先绘制 V 面投影图和 H 面投影图，然后再绘制 W 面投影图。熟练地掌握形体的三面正投影图的画法是绘制和识读工程图样的重要基础。下面是绘制三面正投影图的具体方法和步骤。

(1) 在图纸上先画出水平和垂直的十字相交线，以作为正投影图中的投影轴，如图 2.15(a)所示。

(2) 根据形体在三投影面体系中的放置位置，先画出能够反映形体特征的 V 面投影图或 H 面投影图，如图 2.15(b)所示。

(3) 根据投影关系，由"长对正"的投影规律，画出 H 面投影图或 V 面投影图；由"高平齐"的投影规律，把 V 面投影图中涉及高度的各相应部位用水平线拉向 W 面投影面；由"宽相等"的投影规律，用过原点 O 作 45°斜线或以原点 O 为圆心作圆弧的方法，得到引线在 W 投影面上与"等高"水平线的交点，连接关联点而得到 W 面投影图，如图 2.15(c)、(d)所示。

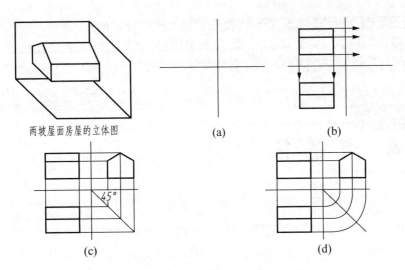

图 2.15　两坡屋面房屋的三面投影图的作法

(a) 投影轴；(b) V 面及 H 面投影图；(c) 45°法；(d) 圆弧法

特别提示

由于在绘图时只要求各投影图之间的"长、宽、高"关系正确，因此图形与轴线之间的距离可以灵活安排。在实际工程图中，一般不画出投影轴，各投影图位置也可以灵活安排，有时各投影图还可以不画在同一张图纸上。

2. 三面正投影图中的点、线、面的符号

为了作图准确和便于校核，作图时可把所画形体上的点、线、面用符号(字母或数字)标注出来，如图 2.16 所示。

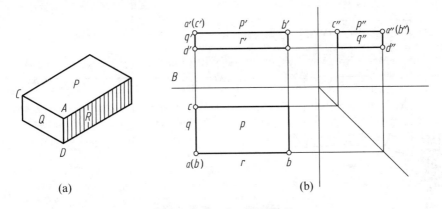

图 2.16　点、线、面的符号

一般规定空间形体上的点用大写字母 A、B、C…或大写罗马数字 Ⅰ、Ⅱ、Ⅲ…表示；其 H 面投影用相应的 a、b、c…或数字 1、2、3…表示；V 面投影用相应的 a′、b′、c′…或 1′、2′、3′…表示；W 面投影用 a″、b″、c″…或 1″、2″、3″…表示。

投影图中直线段的标注用直线段两端的字母表示，如空间直线段 H 面投影图上标注为

ab，在 V 面投影图上标注为 $a'b'$，在 W 面投影图上标注为 $a''b''$。

空间的面通常用 P、Q、R ⋯ 表示，其 H 面投影图、V 面投影图和 W 面投影图分别用 p、q、r ⋯，p'、q'、r' ⋯，p''、q''、r'' ⋯ 表示。

2.4 点的投影

建筑物以及组成它们的构件都可以看成是由若干个几何形体组成的，形体的组成又可看成是由若干个面(平面、曲面)、线(直线、曲线)和点构成的。而点是构成线、面、体的最基本的几何元素，因此掌握点的投影是学习线、面、体投影的基础。

2.4.1 点的投影概述

1．点的三面投影

将空间点 A 置于三面投影体系中，分别向三个投影面作正投影，如图 2.17(a)所示，则得到：

A 点到 H 面上的投影点 a，称为 A 点的 H 面投影；

A 点在 V 面上的投影点 a'，称为 A 点的 V 面投影；

A 点在 W 面上的投影点 a''，称为 A 点的 W 面投影。

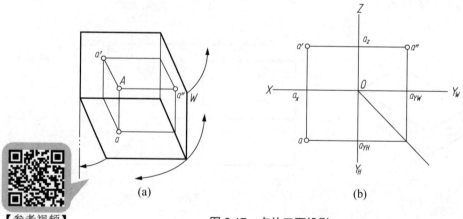

图 2.17　点的三面投影

将三面投影体系展开，如图 2.17(b)所示，即得到 A 点的三面投影图。

为便于投影分析，在展开图上将点的相邻投影用细实线连接起来，图中 aa'、$a'a''$ 称为投影连线，aa' 与 X 轴交于 a_x，$a'a''$ 与 OZ 轴交于 a_z。a 与 a'' 相连在作图时常借助 45° 斜角线或圆弧线来完成。

从图中可以看出：

(1) 点的 V 面投影 a' 和 H 面投影 a 的连线垂直于 OX 轴($aa' \perp OX$)。

(2) 点的 V 面投影 a' 和 W 面投影 a'' 的连线垂直于 OZ 轴($a'a'' \perp OZ$)。

(3) 点的 H 面投影 a 到 OX 轴的距离等于点的 W 面投影 a'' 到 OZ 轴的距离($aa_x = a''a_z$)。

以上投影关系说明，在点的三面正投影图中，任何两个投影都有一定的联系，因此，只要给出一点的任意两个投影，就可以求出其第三个投影。

应用案例 2-1

已知点 A、B 的两面投影如图 2.18(a)所示，求作第三面投影。

分析：根据点的投影关系，点的水平投影 a 和正面投影 a' 的连线垂直于 OX 轴；点的正面投影 a' 和侧面投影 a'' 的连线垂直于 OZ 轴；点的水平投影 a 到 OX 轴的距离等于点的侧面投影 a'' 到 OZ 轴的距离。

【参考视频】

作图步骤如图 2.18(b)所示。

过 O 作 45°辅助线，过 a' 作 $a'a'' \perp OZ$ 轴，过 a 作直线平行 OX 轴，与 45°辅助线相交后作平行于 OZ 轴的直线且交 $a'a''$ 于 a''。

过 b' 作 $bb' \perp OX$，过 b'' 作直线平行 OZ 轴，与 45°辅助线相交后作平行于 OX 轴的直线且交 bb' 于 b。

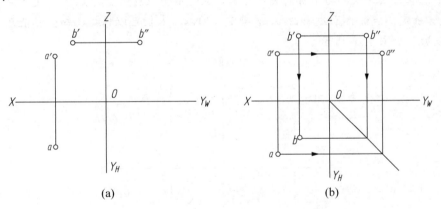

图 2.18　已知点的两面投影作第三面投影

(a) 已知；(b) 作图

2．点的投影与坐标的关系

在三投影面体系中，空间点及其投影的位置可以由点的坐标来确定。若将三面投影体系看作一个空间直角坐标系，O 点为坐标原点，X 轴、Y 轴、Z 轴为坐标轴，H 面、V 面、W 面为坐标平面，则空间一点 A 到三个投影面的距离，就是点 A 的三个坐标(用小写字母 x、y、z 表示)，即

点 A 到 W 面的距离为 x 坐标　($Aa'' = a'a_z = aa_y = x$ 坐标)；

点 A 到 V 面的距离为 y 坐标　($Aa' = a''a_z = aa_x = y$ 坐标)；

点 A 到 H 面的距离为 z 坐标　($Aa = a'a_x = a''a_y = z$ 坐标)。

因此点 A 的空间坐标可表示为 $A(x, y, z)$，点 A 在三个投影面上的投影分别表示为 $a(x, y, 0)$、$a'(x, 0, z)$、$a''(0, y, z)$，如图 2.19 所示。

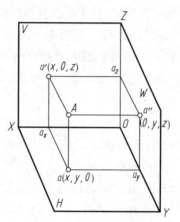

图 2.19　点的坐标图

 应用案例 2-2

已知空间点 $A(11, 8, 15)$，求作它的三面投影图。

分析：根据点的投影与坐标的关系可知，点的水平投影由坐标 x、y 确定；点的正面投影由 x、z 确定；点的侧面投影由 y、z 确定。所以，人们可以根据已知坐标值直接求出点的三面投影，如图 2.20 所示。

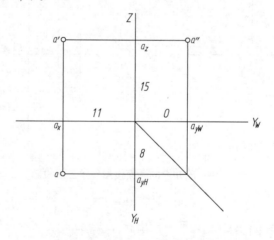

图 2.20　根据点的坐标作投影图

作图步骤如下。

(1) 根据 $x = 11$、$y = 8$、$z = 15$ 得出 a_x、a_y、a_z。

(2) 过 a_x、a_y、a_z 作投影轴的垂线，在水平投影面上的交点就是点的水平投影 a、在正立面上的交点就是点的正面投影 a'、在侧立面上的交点就是点的侧面投影 a''。

2.4.2 两点的相对位置和重影点

1. 两点的相对位置

空间两点上下、左右、前后的相对位置可根据它们在投影图中的各组同面投影来判断。由水平投影可以判断前后、左右的位置，由正面投影可以判断上下、左右的关系，由侧面投影可以判断前后、上下的关系，如图 2.21(a)所示。也可以通过比较两点的坐标来判断它们的相对位置，即 x 坐标大的点在左方，y 坐标大的点在前方，z 坐标大的点在上方。

根据图 2.21(b)中 A、B 两点的投影，可判断出 A 点在 B 点的左、前、下方。

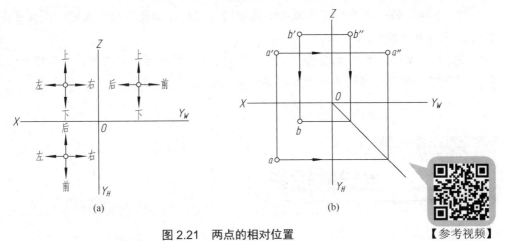

图 2.21 两点的相对位置

【参考视频】

2. 重影点及投影可见性的判断

如果两点位于某一投影面的同一投射线上，则此两点在该投影面上的投影必定重合。对该投影面来说，此两点称为重影点。例如，图 2.22 中称 A、B 为 H 面的重影点。

沿投射方向看重影点时，必有一个点遮挡另一点，即有一个点可见，一个点不可见。在投影图中规定，重影点中可见点标注在前，不可见点的投影用同名小写字母加一个括号标注在后，我们在作图时必须反映出哪个点可见，哪个点不可见。具体可见性的判断方法如下。

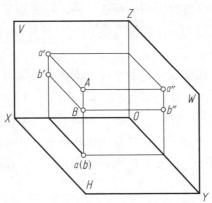

图 2.22 重影点及投影可见性

(1) 若两点的水平投影重合,则看重影点在正面或侧面上的投影,上面的点可见,下面的点不可见,即 Z 坐标值大的点投影可见,Z 坐标值小的点投影不可见。

(2) 若两点的正面投影重合,则看重影点在水平面或侧面上的投影,前面的点可见,后面的点不可见,即 Y 坐标值大的点投影可见,Y 坐标值小的点投影不可见。

(3) 若两点的侧面投影重合,则看重影点在正面或水平面上的投影,左面的点可见,右面的点不可见,即 X 坐标值大的点投影可见,X 坐标值小的点投影不可见。

特别提示

(1) 点的投影仍然是点,而且一个投影面上点的投影是唯一的。

(2) 已知点的一个投影是不能确定其空间位置的,因此要确定点的空间位置,必须增加其他投影面的投影。

(3) 重影点投影可见性的判断也可用下述方法:前遮后,即前可见后不可见;上遮下,即上可见下不可见;左遮右,即左可见右不可见。

2.5 直线的投影

由于直线的投影一般情况下仍为直线,且两点决定一条直线,因此要获得直线的投影,只需作出已知直线上的两个点的投影,再将它们连接起来即可。

2.5.1 各种位置直线的投影特性

根据直线与三个投影面相对位置的不同,直线可分为投影面平行线、投影面垂直线及投影面倾斜线三种。投影面平行线和投影面垂直线称为特殊位置直线。投影面倾斜线称为一般位置直线。

1. 投影面平行线

平行于某一个投影面,而倾斜于另两个投影面的直线称为投影面平行线。投影面平行线可分为以下几种。

【参考视频】

水平线——平行于 H 面,倾斜于 V、W 面的直线。

正平线——平行于 V 面,倾斜于 H、W 面的直线。

侧平线——平行于 W 面,倾斜于 H、V 面的直线。

投影面平行线的立体图、投影图和投影特性见表 2-1。

表 2-1 投影面平行线的投影特性

名称	水平线	正平线	侧平线
立体图			
投影图			
投影特性	(1) ab 反映真长和倾角 β、γ (2) $a'b' // OX$，$a''b'' // OY_W$，且长度缩短	(1) $c'd'$ 反映真长和倾角 α、γ (2) $cd // OX$，$c''d'' // OZ$，且长度缩短	(1) $e''f''$ 反映真长和倾角 α、β (2) $ef // OY_H$，$e'f' // OZ$，且长度缩短

 **特别提示**

(1) 直线在所平行的投影面上的投影表达实长。
(2) 其他投影平行于相应的投影轴。
(3) 表达实长的投影与投影轴所夹的角度等于空间直线对投影面的倾角。

2. 投影面的垂直线

垂直于某一个投影面，平行于另两个投影面的直线称为投影垂直线。投影面垂直线可分为以下几种。

铅垂线——垂直于 H 面，平行于 V、W 面的直线。
正垂线——垂直于 V 面，平行于 H、W 面的直线。
侧垂线——垂直于 W 面，平行于 H、V 面的直线。

【参考视频】

投影面垂直线的立体图、投影图和投影特性见表2-2。

表2-2 投影面垂直线的投影特性

名称	铅垂线	正垂线	侧垂线
立体图			
投影图			
投影特性	(1) H 面投影 ab 积聚成一点 (2) $a'b' \mathbin{/\mkern-3mu/} OZ$，$a''b'' \mathbin{/\mkern-3mu/} OZ$，且反映实长	(1) V 面投影 $c'd'$ 积聚成一点 (2) $cd \mathbin{/\mkern-3mu/} OY_H$，$c''d'' \mathbin{/\mkern-3mu/} OY_W$，且反映实长	(1) W 面投影 $e''f''$ 积聚成一点 (2) $ef \mathbin{/\mkern-3mu/} OX$，$e'f' \mathbin{/\mkern-3mu/} OX$，且反映实长

**特别提示**

(1) 直线在所垂直的投影面上的投影成一点，有积聚性。
(2) 其他投影表达实长，且垂直于相应的投影轴。

3．一般位置线

对三个投影面都倾斜的直线，称为一般位置直线。一般位置直线在各投影面上的投影都倾斜于投影轴，且都不反映实长，各个投影与投影轴的夹角都不反映该直线对投影面倾角的真实大小。

一般位置直线的投影如图 2.23 所示。

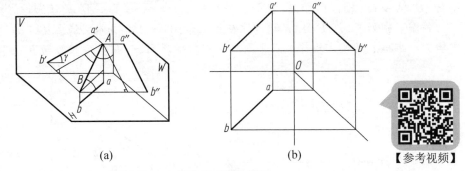

(a)　　　　　　　　　　(b)

图 2.23　一般位置直线的投影

 应用案例 2-3

如图 2.24(a)所示，已知铅垂线 AB 的一个端点 A 的两面投影 a、a′，直线实长 AB = 20mm，并知 B 点在 A 点的正上方，求作 AB 的三面投影图。

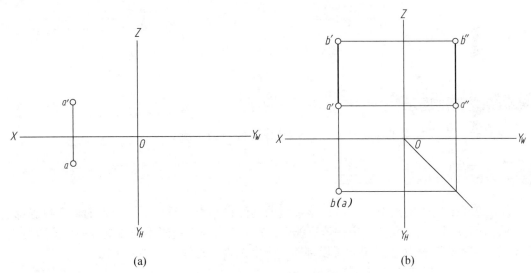

(a)　　　　　　　　　　(b)

图 2.24　作铅垂线的投影图

(a) 已知；(b) 作图

分析：因为 AB 是铅垂线，所以 AB 的水平投影积聚成一个点，其正面投影和侧面投影分别平行于 OZ 轴，且反映实长，又知道 A、B 两点的相对位置，因此 AB 直线的三面投影唯一可求。

作图步骤如下：

(1) 在 V 面上由 a′往正上方引直线并量取 a′b′ = AB = 20mm，定出 b′，根据点的投影规律求出 a″、b″。

(2) 连接 a′与 b′、a″与 b″。

 应用案例 2-4

如图 2.25(a)所示，已知正平线 AB 的端点 A 的三面投影，直线实长为 30mm，AB 与 H 面的倾角 α = 30°，B 点在 A 点的右上方。求作 AB 的三面投影图。

分析：AB 是正平线，正面投影反映实长和倾角的真实大小，水平投影和侧面投影分别平行 OX 轴和 OZ 轴，已知 A、B 两点的相对位置，因此可求 AB 的三面投影。

作图步骤如下。在 V 面上，过 a' 往右上方画 $30°$ 斜线，并在斜线上量取 $a'b' = AB = 30\text{mm}$，定出 b'，根据点的投影规律和正平线的投影特性求出 b、b''，连接 a 与 b、a'' 与 b'' 即可。

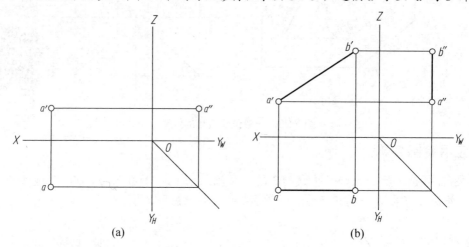

图 2.25 作正平线的投影图

(a) 已知；(b) 作图

 **特别提示**

作图时，直线投影用粗实线画出，辅助作图线用细实线画出。

2.5.2 直线上的点

(1) 直线上的点的投影，必定在该直线的同面投影上。反之，一个点的各个投影都在直线的同面投影上，则此点必定在该直线上。如果点有一个投影不在该直线的同面投影上，则此点一定不在该直线上。由此可以判断一个点是否在直线上，如图 2.26 所示。

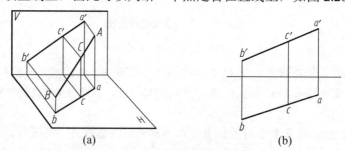

图 2.26 属于直线的点的投影

在图 2.26 中可以看出，C 点的 H 面的投影 c 在直线 AB 的 H 面投影 ab 上，C 点的 V 面投影 c' 在直线 AB 的 V 面投影 $a'b'$ 上，所以 C 点在直线 AB 上。

(2) 若直线上的点分线段成比例，则此点的各投影相应地分线段的同面投影成相同的比例(定比性)。

在图 2.26 中，点 C 分空间直线 AC 和 CB 成两段，则有 $AC:CB=ac:cb=a'c':c'b'=a''c'':c''b''$。

应用案例 2-5

如图 2.27(a)所示，已知线段 AB 的投影 ab 和 $a'b'$，M 点在 AB 上，且 $AM:MB=2:3$，求 M 点的投影。

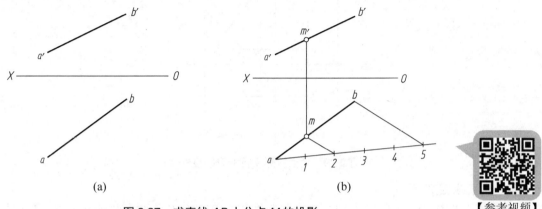

图 2.27　求直线 AB 上分点 M 的投影

【参考视频】

分析：因为已知 M 点在 AB 上，且 $AM:MB=2:3$，所以根据定比性即可以作出 M 点的投影。

作图步骤如下。

(1) 过 a 引一条射线，在其上截取 5 等份，连接 5 与 b。
(2) 过 2 作 5b 的平行线，交 ab 于 m。
(3) 过 m 向上引铅垂线，交 $a'b'$ 于 m'，m、m' 即为所求，如图 2.25(b)所示。

2.5.3　两直线的相对位置

空间两直线的相对位置关系有以下三种情况：平行、相交、交叉(异面)，前两种为同面直线，后一种为异面直线。

1．两直线平行

若空间两条直线平行，则其各同面投影必相互平行；反之，若两条直线的各同面投影相互平行，则此两直线在空间也一定平行。如图 2.28 所示。

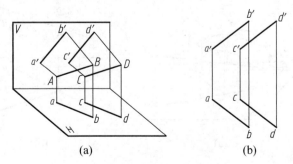

图 2.28　两直线平行图

特别提示

在投影图上判断两直线是否平行时，若两条直线处于一般位置，则可根据两条直线的任意两组同面投影是否平行来判定。但对于特殊位置直线，只有两个同面投影互相平行时，空间直线不一定平行，如图 2.29 所示。

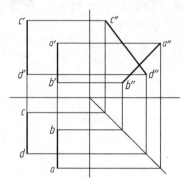

图 2.29　两面投影平行的直线投影

2．两直线相交

若空间两直线相交，则它们同面投影也必然相交，交点 K 是两直线的共有点，K 点的投影符合点的投影规律，如图 2.30 所示。

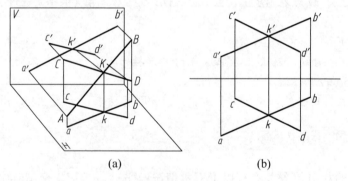

图 2.30　两直线相交

3．两直线交叉

空间直线不平行又不相交时称为交叉，如图 2.31 所示。

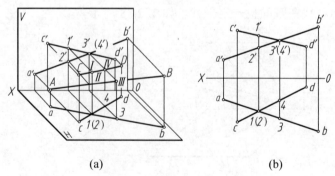

图 2.31　两直线交叉

特别提示

若空间两条直线交叉，则它们的同面投影可能会有一个或两个平行，但不会三面投影都平行；它们的同面投影也可能相交，但它们各个投影的交点不符合点的投影规律。

交叉的两条直线同面投影的交点是两条直线上的一对重影点的投影，对重影点需要判别可见性，用其可帮助判断两条直线的空间位置。

如图 2.31(a)、(b)所示，AB 与 CD 在 H 面的投影 ab、cd 的交点为 AB 上的 1 点和 CD 上的 2 点在 H 面上的重合投影，从 V 面投影看，1 点在上，2 点在下，所以，1 为可见，2 为不可见，3、4 两点是 V 面的重影点，从 H 面的投影中可以看出 3 点在前，4 点在后，所以 3′可见，4′不可见。

2.6 平面的投影

2.6.1 平面的表示法

在立体几何中，确定平面的方式有以下五种。
(1) 不在同一直线上的三点。
(2) 直线及线外一点。
(3) 相交两直线。
(4) 平行两直线。
(5) 任意的平面图形。

在投影理论中，只需将上述诸方式简单地转换成投影方式，即可实现平面的投影表示，图 2.32(a)～(e)分别对应于上文中的(1)～(5)。

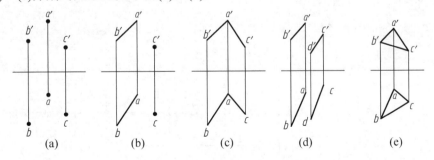

图 2.32 用几何元素表示平面

(a) 不在同一条直线上的三点；(b) 一条直线和线外一点；(c) 相交的两条直线；
(d) 平行的两条直线；(e) 平面图形

2.6.2 各种位置平面的投影

根据平面相对投影面位置的不同，可以分为三类：投影面平行面、投影面垂直面、一般位置平面。前两类又称为特殊位置平面，后一类称为倾斜平面，平面与水平投影面的倾角、与正投影面的倾角和侧投影面的倾角分别用 α、β、γ 表示。

【参考视频】

1. 投影面平行面

在三投影面体系中，平行于一个投影面，而垂直于另外两个投影面的平面称为投影面平行面。

正平面——平行于 V 面而垂直于 H、W 面。
水平面——平行于 H 面而垂直于 V、W 面。
侧平面——平行于 W 面而垂直于 H、V 面。

投影面平行面的投影特性见表 2-3。

表 2-3　投影面平行面的投影特性

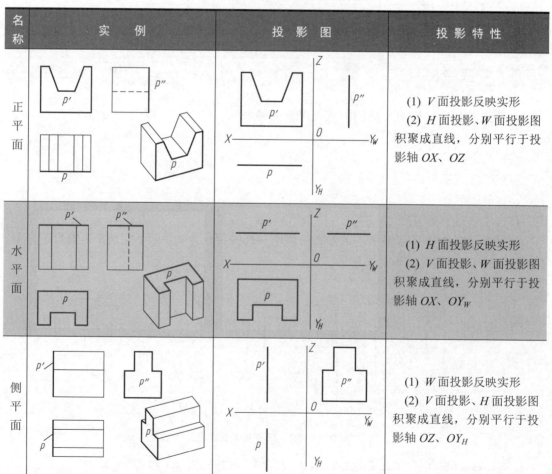

名称	实例	投影图	投影特性
正平面			(1) V 面投影反映实形 (2) H 面投影、W 面投影图积聚成直线，分别平行于投影轴 OX、OZ
水平面			(1) H 面投影反映实形 (2) V 面投影、W 面投影图积聚成直线，分别平行于投影轴 OX、OY_W
侧平面			(1) W 面投影反映实形 (2) V 面投影、H 面投影图积聚成直线，分别平行于投影轴 OZ、OY_H

第 2 章 正投影基本知识

 **特别提示**

平面在所平行的投影面上的投影反映实形，其余的投影都是平行于投影轴的直线。

2. 投影面垂直面

在三投影面体系中，垂直于一个投影面，而对另外两个投影面倾斜的平面称为投影面。

正垂面——垂直 V 面而倾斜于 H、W 面。
铅垂面——垂直 H 面而倾斜于 V、W 面。
侧垂面——垂直 W 面而倾斜于 V、H 面。
投影面垂直面的投影特性见表 2-4。

【参考视频】

表 2-4 投影面垂直面的投影特性

名称	实 例	投 影 图	投 影 特 性
正垂面	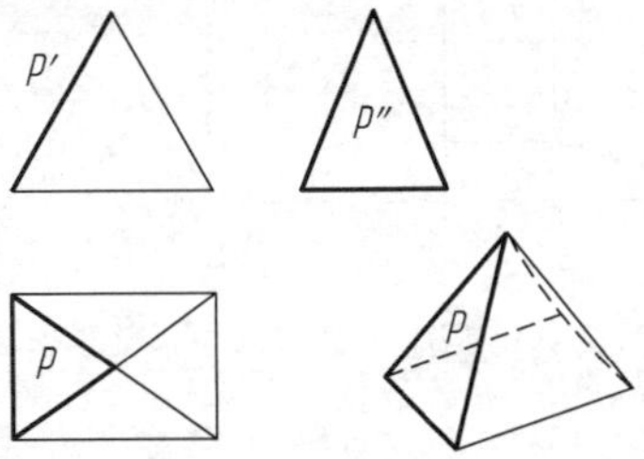	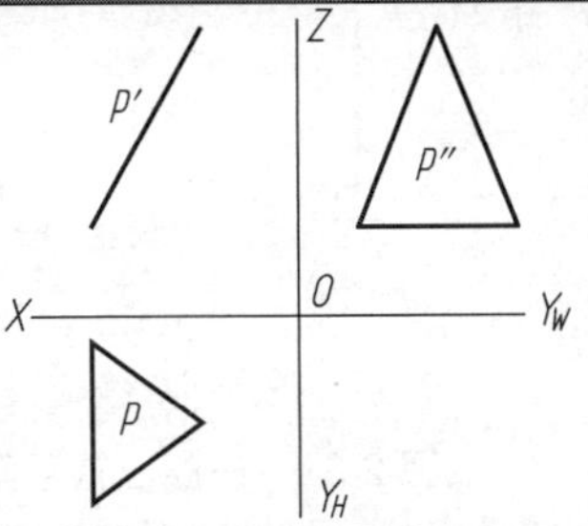	(1) V 面投影积聚成一斜直线，并反映与 H、W 面的倾角 (2) 其他两投影面为面积缩小的类似形
铅垂面	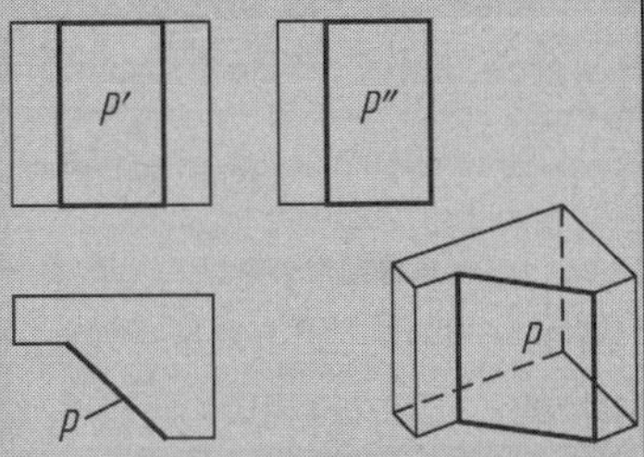	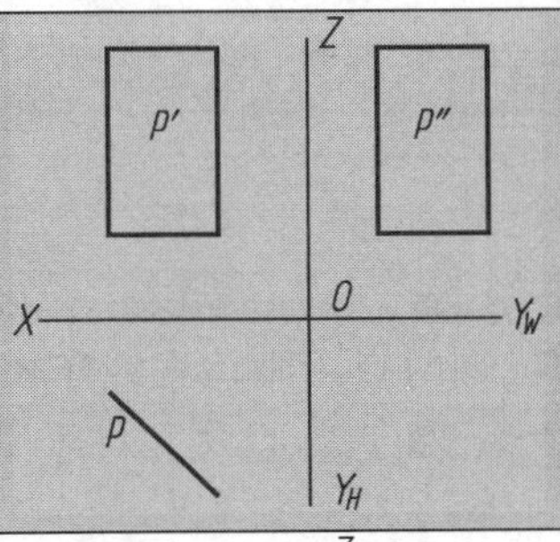	(1) H 面投影积聚成一斜直线，并反映与 V、W 面的倾角 (2) 其他两投影面为面积缩小的类似形
侧垂面	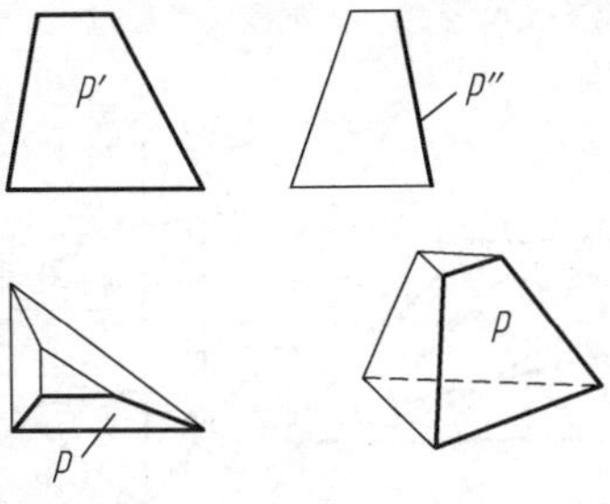	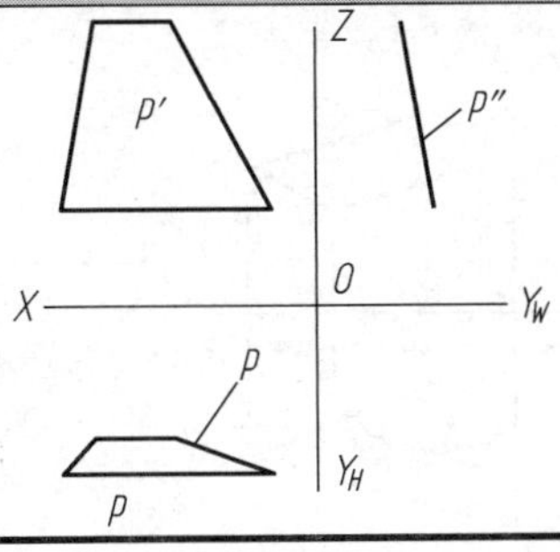	(1) W 面投影积聚成一斜直线，并反映与 H、V 面的倾角 (2) 其他两投影面为面积缩小的类似形

 **特别提示**

投影面垂直面在所垂直的投影面上的投影积聚成一直线，该直线与投影轴的夹角，就

51

是该平面对另外两个投影面的真实倾角，而另外两个投影面上的投影是该平面的类似形。

3．一般位置平面

对三个投影面都倾斜的平面为一般位置平面，如图 2.33 所示。

一般位置平面投影特性为，三个投影面上的投影既不反映实形，也不积聚成直线，均是原平面图形的类似图形，面积均比实形小。

根据平面对三个投影面的相对位置分析可得出平面的投影特性：

(1) 平面垂直于投影面时，它在该投影面上的投影积聚成一条直线——积聚性。

(2) 平面平行于投影面时，它在该投影面上的投影反映实形——实形性。

(3) 平面倾斜于投影面时，它在该投影面上的投影为类似图形——类似性。

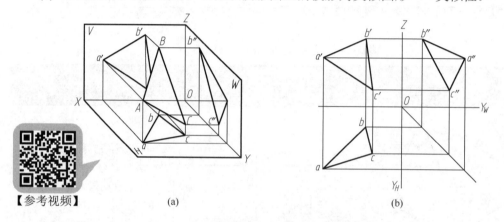

图 2.33　一般位置平面

2.6.3　平面上的直线和点

1．平面上的直线

直线在平面上的几何条件如下。

(1) 若直线通过平面上的已知两点，则该直线在该平面上，如图 2.34(a)所示。

(2) 若直线通过平面上的一已知点，且又平行于平面上的一已知直线，则该直线在该平面上，如图 2.34(b)所示。

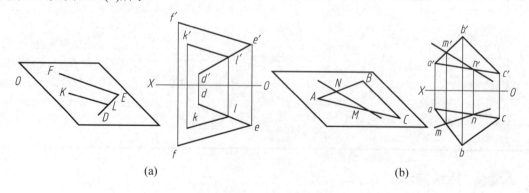

图 2.34　平面上的直线

2. 平面上的点

点在平面上的几何条件是，如果点在平面上的一条已知直线上，则该点必在平面上，因此在平面上找点时，必须先在平面上取含该点的辅助直线，然后在所作辅助直线上求点。

特别提示

在平面上取点、直线的作图，实质上就是在平面内作辅助线的问题。利用在平面上取点、直线的作图，可以解决三类问题：判别已知点、线是否属于已知平面；完成已知平面上的点和直线的投影；完成多边形的投影。

应用案例 2-6

如图 2.35(a)所示，已知△ABC 的两面投影和△ABC 平面上的 D 点的 V 面投影 d'，求作 D 点的 H 面投影 d。

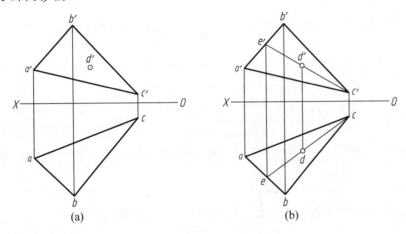

图 2.35 作平面内点的投影

作图步骤如下。
(1) 连接 c'd'延长交 a'b'与 e'点。
(2) 由 e'作投影线与 ab 交于 e，连接 ec。
(3) 由 d'作投影线与 ec 相交得 d。

小 结

本章主要介绍了投影的概念和点、线、面投影的特性和作图方法。

点、线、面是组成形体的基本几何元素。熟练掌握点、线、面的投影特征及其从属关系，逐步培养空间想象能力，提高分析问题的能力，会用作图的方法解决一般空间几何问题，对学习建筑形体的投影起到奠基作用。

通过本章的学习，要求：

(1) 掌握点的投影规律及点的投影与该点直角坐标的关系；掌握两点的相对位置及重影点可见性的判别方法。

(2) 熟练掌握特殊位置直线的投影特性和作图方法；掌握直线上的点的投影特性及定比关系；掌握两直线平行、相交、交叉三种相对位置的投影特性。

(3) 熟练掌握各种位置平面的投影特性及作图方法，掌握平面内的点和直线的几何条件及作图方法。

【在线答题】

第3章 立体的投影

教学目标

熟悉各种基本体的投影特性，掌握立体表面求点的方法以及立体表面截交线的形状和作法，掌握两立体相贯时相贯线的形状和作法。

教学要求

能力目标	知识要点	相关知识	权重
(1) 了解基本体的分类：平面体和曲面体 (2) 掌握各种基本体的形体特征及其投影分析 (3) 掌握各种基本体的作图方法 (4) 掌握各种基本体表面上的求点方法 (5) 归纳各种基本体的投影特性，从而迅速、正确地对各种基本体进行识读和绘制	基本体的投影	常见平面体和曲面体；各种平面体和曲面体的形体特征及其三面投影图的形成分析；各种平面体和曲面体三面投影图的画法步骤；平面体表面上的求点方法和曲面体表面上的求点方法；归纳各种平面体和曲面体的投影特性	50%
(1) 掌握立体表面上截交线的基本特性 (2) 掌握立体表面上各种截交线的形状特点 (3) 掌握立体表面上各种截交线的作图方法	切割体的投影	立体表面任何截交线共有的基本特性；平面立体表面截交线的形状和曲面立体表面各种截交线的形状；平面立体和曲面立体表面截交线的求法	30%
(1) 掌握两立体相贯时相贯线的基本特性 (2) 掌握两立体相贯各种相贯线的形状特点 (3) 掌握两立体相贯各种相贯线的作图方法	相贯体的投影	两立体相贯时相贯线的基本特性；两平面立体相贯时相贯线的形状和作图方法；平面立体与曲面立体相贯时相贯线的形状和作图方法；两曲面立体相贯时相贯线的形状和作图方法	20%

引例

现实生活中,我们可以看到各种形状的建筑形体,它们一般都是由一些简单的几何体经过叠加、切割或相交等形式组合而成的,如图 3.1 所示。

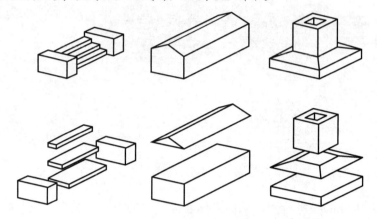

图 3.1 各种形状的建筑形体

工程建筑物是由许多简单的几何体经过一定形式的组合而构成的,这些简单的几何体称为基本体。根据其表面的几何性质可将基本体分为平面立体和曲面立体。我们将表面全部由平面围成的基本体称为平面基本体,简称为平面体,常见的有棱柱、棱锥、棱台;表面全部由曲面或曲面与平面围成的基本体称为曲面基本体,简称为曲面体,常见的有圆柱、圆锥和圆球。

3.1 平面立体的投影

平面立体是由点、直线、平面这些构成平面立体表面的几何元素组成的,因此绘制平面立体的投影,实际就是绘制平面立体表面点、直线、平面的投影。在平面立体的投影中,可见棱线用实线表达,不可见棱线用虚线表达,以区分可见表面与不可见表面。求平面体表面上点的投影实际是求平面上点的投影。

3.1.1 棱柱体的投影

【参考视频】

1. 棱柱体及其投影

棱柱中互相平行的两个面称为端面或底面,其余的面称为侧面或棱面,相邻两棱面的交线称为棱线,各棱线相互平行。其中底面为正多边形的直棱柱称为正棱柱。

工程中常见的棱柱体有三棱柱、四棱柱、五棱柱、六棱柱等，表 3-1 列出了常见棱柱体的实体模型图和三面投影图。

表 3-1 常见棱柱体的实体模型图和三面投影图

名　　称	实体模型图	三面投影图
三棱柱		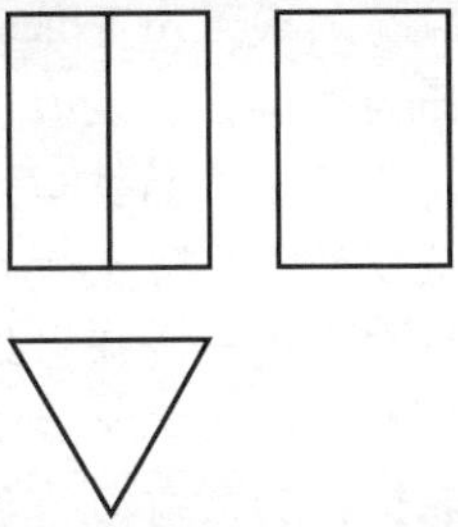
六棱柱		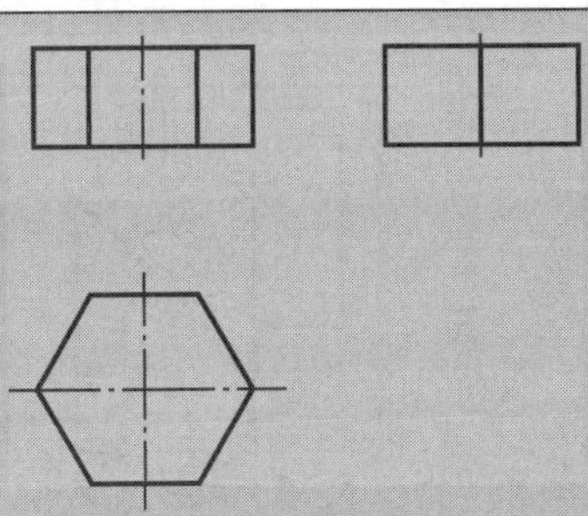
五棱柱		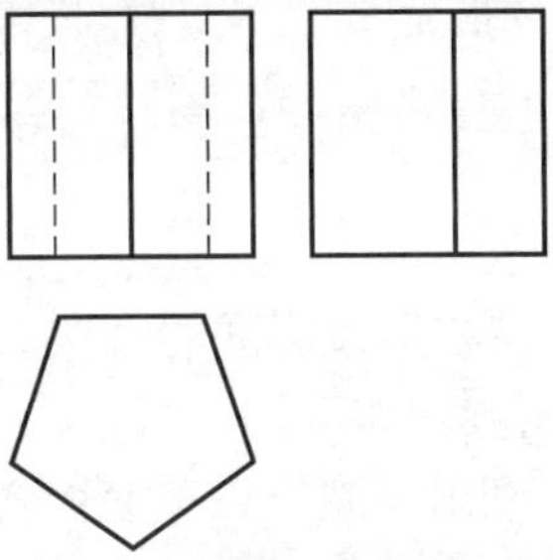
有孔棱柱	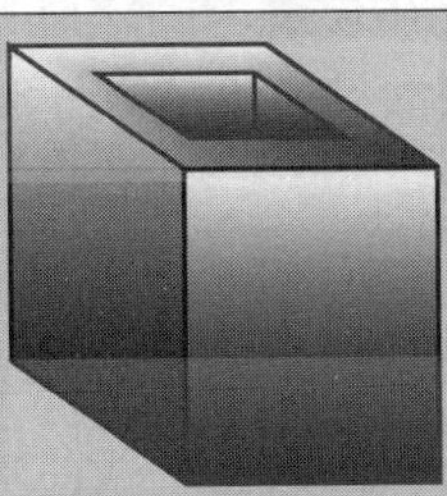	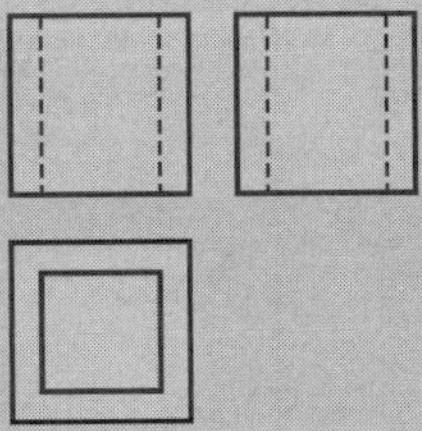

2．棱柱体的投影分析

 应用案例 3-1

图 3.2 所示为一个正三棱柱在三面投影体系中的投影直观图和三面投影图，试分析正三棱柱的三面投影。

分析：为使画图简便，正三棱柱的放置为上底面和下底面都是水平面，后侧面是正平面。

因为正三棱柱的上、下两底面是水平面，后侧面是正平面，其余两侧面是铅垂面，所以正三棱柱的水平投影为一个正三角形线框，是上底面 ABC 和下底面 $A_1B_1C_1$ 投影的重合，并反映实形；正三角形线框的三条边是垂直于 H 面的三个侧面 AA_1BB_1、BB_1CC_1、CC_1AA_1 的水平积聚投影；三个顶点是垂直于 H 面的三条棱线 AA_1、BB_1、CC_1 的水平积聚投影。

正面投影形成三个并排的矩形线框，其中线框 AA_1CC_1 是平行于 V 面的后侧面的投影，反映了平面的显实性；左右两个矩形线框是其余倾斜于 V 面的两个侧面 AA_1BB_1、BB_1CC_1 的投影，反映了平面的类似性；上下两条水平线是上底面和下底面的积聚投影；三条铅垂线是三条棱线的投影，反映实长。

侧面投影形成一个矩形线框，是左右两个侧面 AA_1BB_1、BB_1CC_1 投影的重合，反映了平面的类似性；两条水平线是上底面和下底面的积聚投影；两条铅垂线，后面一条是后侧面的侧面积聚投影，前面一条是三棱柱最前面一条棱线的投影。

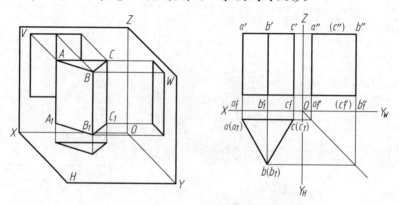

图 3.2　正三棱柱体投影分析

3．棱柱体投影图的画法

作图步骤如下。

(1) 画出反映上、下底面实形的水平投影图，如图 3.3(a)所示。

(2) 根据"长对正"的投影关系画出正面投影图，如图 3.3(b)所示。

(3) 根据"高平齐""宽相等"的关系画出侧面投影图，如图 3.3(c)所示。

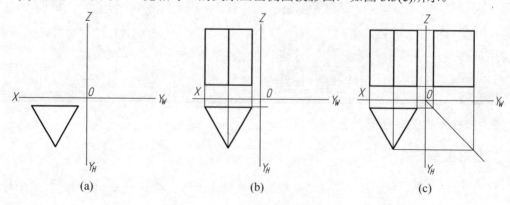

图 3.3　正三棱柱三面投影图的画法

 **特别提示**

棱柱体的投影特性可归纳为"两个矩形线框对应一个多边形线框"。

3.1.2 棱锥体的投影

1. 棱锥体及其投影

棱锥体由底面、棱面、棱线和锥顶组成,底面是多边形,侧棱面均为三角形,棱线交于一点。

工程中常见的棱锥体有三棱锥、四棱锥等。表 3-2 列出了常见棱锥体的实体模型图和三面投影图。

【参考视频】

表 3-2 常见棱锥体的实体模型图和三面投影图

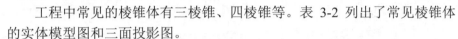

名 称	实体模型图	三面投影图
三棱锥	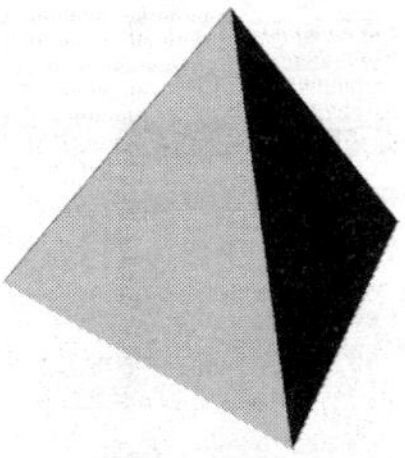	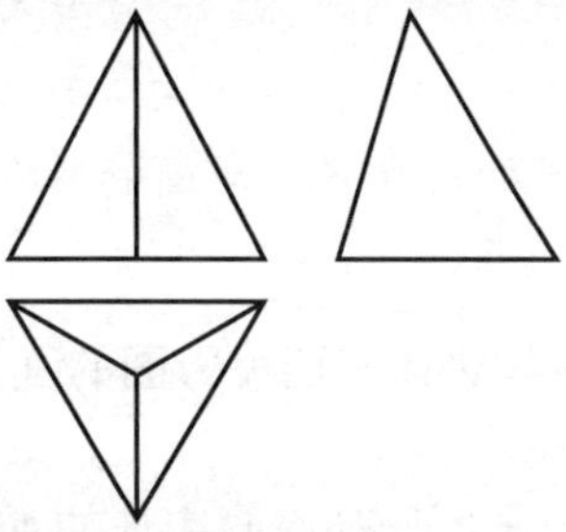
四棱锥		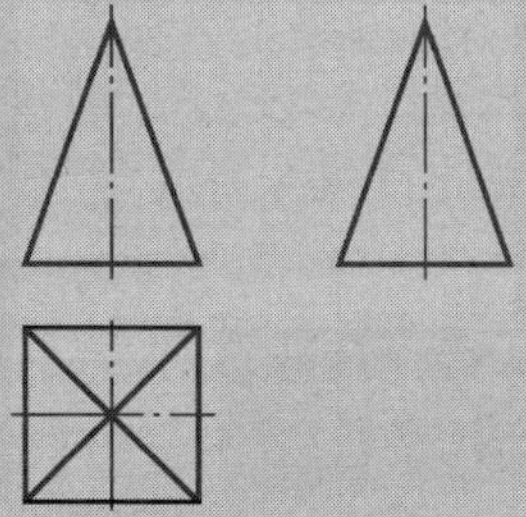

2. 棱锥体的投影分析

 应用案例 3-2

如图 3.4 所示为三面投影体系中的一个正三棱锥,试分析其三面投影。

分析:为使画图简便,正三棱锥的底面放置为水平面,后侧面是侧垂面,其余两侧面都是一般位置平面。棱线 SA 为侧平线,棱线 SB 和 SC 为一般位置直线。

因为底面是水平面,所以它的水平投影是一个正三角形线框,反映底面 ABC 的实形。顶点的投影 s 在正三角形的中心,它与三个角点的连线是三条侧棱的投影,三个三角形线框分别是 SAB、SAC、SBC 三个侧面的投影。

正面投影形成两个三角形线框,其中三角形线框 s'a'b'、s'a'c'、s'b'c' 分别是棱锥上三个棱面的投影，反映类似性；水平线 a'b'c'是底平面 ABC 的积聚投影，s'a'、s'b'、s'c'直线是三棱锥上三条棱线的投影。

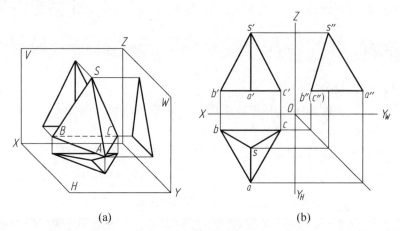

图 3.4 正三棱锥体投影分析

侧面投影形成一个三角形线框，其中三角形线框 s″a″b″与 s″a″(c″)是左右两棱面的投影重合，反映类似性；后面的斜直线 s″b″(c″)是棱锥后棱面 SBC 的积聚投影；水平线 a″b″c″是棱锥底面的积聚投影。

3. 棱锥体三面投影图的画法

作图步骤如下。

(1) 画出反映底面实形的水平投影图，注意从三角形的顶点向三角形的中点连线，从而作出各棱线的水平投影图，如图 3.5(a)所示。

(2) 根据"长对正"的投影关系画出正面投影图，如图 3.5(b)所示。

(3) 根据"高平齐""宽相等"的关系画出侧面投影图，如图 3.5(c)所示。

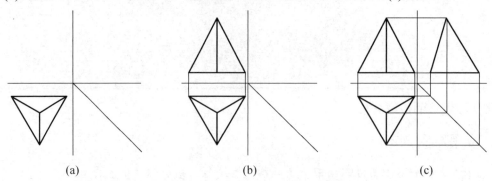

图 3.5 正三棱锥三面投影图的画法

(a) 水平投影图；(b) 正面投影图；(c) 侧面投影图

 **特别提示**

棱锥体的投影特性可归纳为"两个三角形线框对应一个多边形线框"。

要求学生对棱台体进行投影分析,从而归纳其投影特性为"两个梯形线框对应一个'大套小'多边形线框"。

3.1.3 平面立体表面上点和直线的投影

平面立体的表面都是由平面多边形组成的,求其表面上点的投影,实际上就是求平面上点的投影。立体表面求点的投影一般是指已知立体的三面投影和它表面上某一点的一面投影,求该点的另两面投影,方法一般有以下两种。

【参考视频】

1. 积聚性法

如果点所在的立体表面对于某一投影面的投影积聚成直线,那么点的投影必定投影在该积聚直线上,如果知道点的一面投影和其所在的表面位置,根据投影关系可直接作出点的三面投影。如果点在某个视图中不可见,则在表示点的符号时加上括号。

例如,正棱柱体各棱面一般情况下均为投影面的垂直面,棱面在所垂直的投影面上的投影积聚成直线,此时求正棱柱体棱面上点的投影可采用积聚性法。

 应用案例 3-3

如图 3.6(a)所示,已知五棱柱体的三面投影及其表面上点 A 的正面投影、点 B 的侧面投影,求 A、B 两点的其余两面投影。

分析:五棱柱五个侧面的水平投影都积聚成直线且与正五边形重合,五条棱线的水平投影积聚成正五边形的五个顶点,则点 A 的水平投影也投影在该点所在棱面上的积聚直线上,点 B 的投影也在其所在棱线的投影上;又知点 A 的正面投影 a' 可见,所以点 A 在左、前棱面上,侧面投影 a'' 为可见;点 B 的侧面投影 b'' 可见,在左、前棱线上,故其正面投影 b' 也可见。

作图步骤如图 3.6(b)所示。

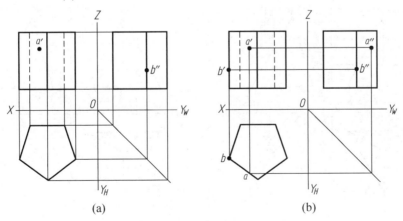

图 3.6 正五棱柱表面上点的投影

(a) 已知;(b) 作图

2．辅助线法

当点所在的立体表面为一般位置平面时，可利用点在直线上的从属性，在平面上作辅助线来求点的三面投影，这种方法称为辅助线法。

应用案例 3-4

图 3.7(a)所示为三棱锥三面投影图，以及 G 点的侧面投影 g''，K 点(K 点在 SBC 棱面上)的水平投影 k。求 G、K 两点其余两面投影。

分析：点 G 在三棱锥的 SA 棱线上，则点 G 的投影都在该棱线的投影上，根据点的投影规律可直接作出该点的各面投影，如图 3.7(b)所示。点 K 在棱面 SBC 上，SBC 平面是侧垂面，其侧面投影图积聚成直线，用积聚性法可求出该点的侧面投影，从而求正面投影，如图 3.7(d)所示；求点 K 的投影也可以应用辅助线法，过 k 点作辅助直线 kc，进而作出直线的正面投影 $k'c'$，由 k 向上引直线交 $k'c'$ 于 k'，然后根据投影规律求出侧面投影 k''，如图 3.7(c)所示。

作图步骤如图 3.7(c)、(d)所示。

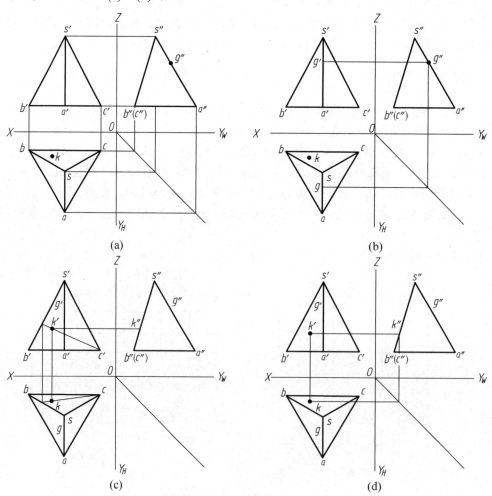

图 3.7 三棱锥表面上点的投影

(a) 已知；(b) 作 G 点投影；(c) 作辅助线；(d) 作 K 点投影

 **特别提示**

判断立体表面上点可见与否的原则是,如果点、线所在体的表面可见,则点的同面投影一定可见,否则不可见。

3.2 曲面立体的投影

表面由曲面或曲面与平面围成的立体称为曲面体,常见的曲面体有圆柱、圆锥、圆球。它们的曲表面是由一条动线绕固定轴线旋转而成的,这种形体又称为回转体。动线称为母线,母线在旋转过程中的每一个具体位置称为曲面的素线。因此,可以认为回转体的曲面上存在许多条素线。

圆柱面是一条直线围绕与其平行的固定轴线旋转而成的,如图 3.8(a)所示。

圆锥面是一条直线围绕与其相交的固定轴线旋转而成的,如图 3.8(b)所示。

圆球面是一个圆围绕其直径旋转而成的,如图 3.8(c)所示。

我们把确定曲面范围的外形线称为轮廓线,轮廓线也是可见与不可见的分界线。当轮廓线与素线重合时,这种素线称为轮廓素线,在投影体系中,常用的四条轮廓素线分别为最前轮廓素线、最后轮廓素线、最左轮廓素线和最右轮廓素线。

(a)　　　　　　　　　(b)　　　　　　　　　(c)

图 3.8　曲面立体

(a) 圆柱;(b) 圆锥;(c) 圆球

 特别提示

在绘制曲面体投影图时应在投影图中用点画线画出曲面体轴线的投影和圆的中心线。

3.2.1 圆柱体的投影

1. 圆柱体的形体分析

圆柱体由圆柱面和两个圆形底面围成。

2. 圆柱体的投影分析

应用案例 3-5

图 3.9(a)所示为一轴线垂直于水平投影面的直圆柱体,试分析其三面投影。

分析:圆柱体轴线垂直于水平投影面,圆柱的上下两底面为水平面。

(1) 水平投影为一个圆。反映了上、下两底面的实形,圆柱面的投影积聚在圆周线上。

(2) 正面投影为一个矩形。上下边线是两底面的积聚投影,左、右边线是最左和最右轮廓素线的投影,轴线处为最前、最后轮廓素线的重合投影位置。

(3) 侧面投影为一个矩形。上、下边线是两底面的积聚投影,前、后边线是最前和最后轮廓素线的投影,轴线处为最左、最右轮廓素线的重合投影位置。

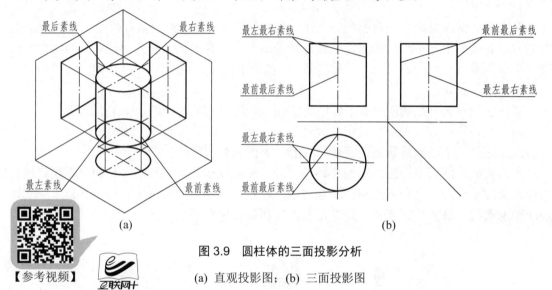

图 3.9 圆柱体的三面投影分析

(a) 直观投影图;(b) 三面投影图

3. 圆柱体三面投影图的画法

作图步骤如下。

(1) 绘制投影轴,定中心线、轴线的位置,如图 3.10(a)所示。

(2) 绘制水平投影图,作圆,反映圆柱体底面的投影,如图 3.10(b)所示。

(3) 根据投影规律依次绘制正面投影图和侧面投影图,如图 3.10(c)所示。

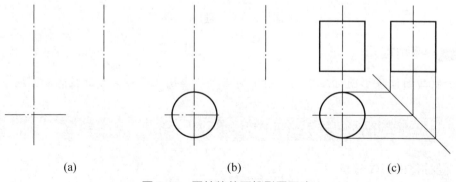

图 3.10 圆柱体的面投影图画法

 **特别提示**

圆柱体的投影特性可归纳为"两个矩形线框对应一个圆"。

3.2.2 圆锥体的投影

1. 圆锥体的形体分析

圆锥体是由圆锥面和底平面所围成的。

2. 圆锥体的投影分析

 应用案例 3-6

如图 3.11(a)所示为一轴线垂直于水平投影面的正圆锥体,试分析其三面投影。

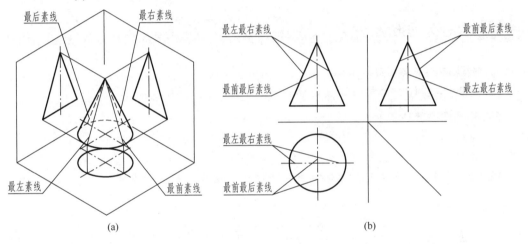

图 3.11 圆锥体的三面投影分析

(a) 直观投影图;(b) 三面投影图

分析:圆锥体轴线垂直于水平投影面,圆锥底面为水平面,锥点的投影恰好在底面圆的圆心位置。

(1) 水平投影为一个圆。既反映了圆锥底面的实形(不可见),又反映了圆锥面的水平投影(可见)。

(2) 正面投影为等腰三角形。三角形底边是圆锥底面的积聚投影,左、右边线是最左、最右轮廓素线的投影,轴线处为最前、最后轮廓素线的重合投影位置。

(3) 侧面投影为等腰三角形,与正面投影的三角形全等。底边线是圆锥底面的积聚投影,前、后边线是最前、最后轮廓素线的投影,轴线处为最左、最右轮廓素线的重合投影位置。

3. 圆锥体三面投影图的画法

作图步骤同圆柱体,如图 3.12 所示。

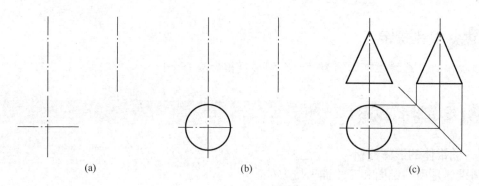

图 3.12　圆锥体的三面投影图画法

 特别提示

圆锥体的投影特性可归纳为"两个三角形线框对应一个圆"。

3.2.3　圆球体的投影

1．圆球体的形体分析

圆球面可以看作一个圆围绕其直径旋转而成的，是一种曲线曲面。

2．圆球体的投影分析

 应用案例 3-7

图 3.13(a)所示为在三面投影体系有一个球体，试分析其三面投影。

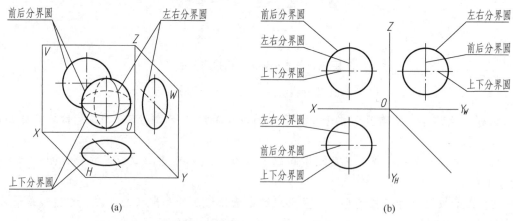

图 3.13　圆球体的三面投影分析

(a) 直观投影图；(b) 三面投影图

分析：(1) 水平投影为一个圆，是球面上平行于 H 面的最大圆的显实投影，也是上、下半球面的水平投影。

(2) 正面投影为一个圆，是球面上平行于 V 面的最大圆的显实投影，也是前、后半球面的正面投影。

(3) 侧面投影为一个圆,是球面上平行于 W 面的最大圆的显实投影,也是左、右半球面的侧面投影。

3. 圆球体三面投影图的画法
圆球体三面投影图的画法如图 3.13(b)所示。

 特别提示

圆球体的投影特性可归纳为"三个圆"。

3.2.4 曲面立体表面上点的投影

曲面立体表面上点投影的求法,与在平面上求点投影的原理相同。

1. 圆柱体表面上点的投影
求圆柱体表面上点的投影,一般可以用圆柱体表面具有的积聚性投影特性来作图。

 应用案例 3-8

图 3.14(a)所示为圆柱体三面投影图,以及 A、B 两点的正面投影(a')、b',C 点的水平投影 c,D 点的侧面投影 d''。求 A、B、C、D 四点的其余投影。

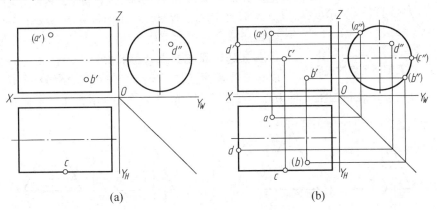

图 3.14 圆柱体表面上点的投影

(a) 已知;(b) 作图

分析:圆柱体轴线垂直于 W 面,侧面投影积聚成圆周,A、B 两点的侧面投影必然投影在积聚的圆周线上;左底面的正面投影和水平投影积聚成直线段,D 点的正面投影和水平投影也必然投影在相应的积聚线段上;C 点在最前轮廓素线上,根据点在线上的从属性其三面投影容易求得。

A 点正面投影不可见,又在点画线上面,判断 A 点在后、上半圆柱面上,其水平投影可见;B 点正面投影可见,而在点画线下面,判断 B 点在前、下半圆柱面上,其水平投影不可见。

作图步骤如下。

(1) 分别过(a')、b'作水平线与圆周线相交，得a''、b''，从而确定a、b(其中b不可见)，如图3.14(b)所示。

(2) 分别过d''和c，根据投影规律依次作出其余两面投影，如图3.14(b)所示。

2．圆锥体表面上点的投影

圆锥表面的投影没有积聚性，因此求圆锥体表面上的点可采用素线法和纬圆法。

 应用案例 3-9

如图3.15所示，已知点A的正面投影a'，求点A的其他两面投影。

(1) 素线法。圆锥面上所有点一定在过该点的素线上，因此可以借助求过该点素线的投影，从而求点的投影。如图3.16(a)所示，在正面投影上，过点a'作素线的投影$s'1'$，然后作出素线的水平投影$s1$，再在$s1$线上作出点A的水平投影a，然后根据点的投影规律作出点A的侧面投影a''。

(2) 纬圆法。由回转面的形成可知，母线上任意一点的运动轨迹为圆，且该圆垂直于旋转轴线，这样的圆称为纬圆。圆锥面上所有点也一定在与其等高度的纬圆上，此时可借助该点的纬圆，从而求点的投影。

如图3.16(b)所示，在正面投影上，过a'作水平线，交圆锥的最左与最右素线于两点，该两点连接的直线段即为过点A的纬圆在V上的积聚投影，其长度等于纬圆直径。以该直线段为直径，以s为圆心在圆锥的水平投影上作圆，点A的水平投影a即在该圆上。再由点的正面投影a'和水平投影a求得点A的侧面投影a''。

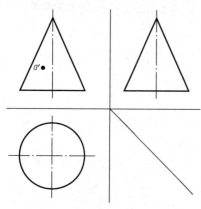

图3.15　求圆锥面上点的投影

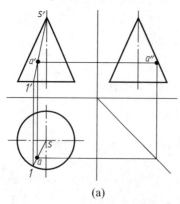
(a)

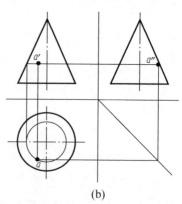
(b)

图3.16　圆锥面上求点投影的两种作图方法

(a) 素线法作图；(b) 纬圆法作图

3．圆球体表面上点的投影

圆球体表面投影不具有积聚性，也不存在直线段，但有无数条的圆线，凡是平行于投影面的圆线都具有实形性。因此求圆球体表面上点的投影，可以利用纬圆法作图，如图3.17

所示，在球体左、前、上方表面上有一点 A，其投影必定在过点 A 而平行于投影面的纬圆上，此时可以分别过点 A 作平行于 H(水平纬圆)、V(正平纬圆)、W(侧平纬圆)三个方向的纬圆，只要求出过该点所在纬圆的投影，即可求出点的投影。

应用案例 3-10

如图 3.18(a)所示，已知圆球表面上点 A 的正面投影 a'，求其水平投影 a 和侧面投影 a''。

分析：在圆球表面上求一般点的投影，必须通过纬圆的方法进行作图，可以采用作水平纬圆、正平纬圆、侧平纬圆的任意一种方法，本例采用作水平纬圆和正平纬圆两种方法作图，采用作侧平纬圆的作图方法可由学生自行练习。

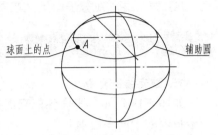

图 3.17 球面上的点与纬圆

作图步骤如下。

(1) 水平纬圆法。如图 3.18(b)所示，在正面投影上过 a' 作平行于 OX 轴的直线，与圆相交，该水平线为过点 A 且平行于 H 面水平纬圆的积聚投影，其长度等于纬圆直径，进而作出该纬圆的水平投影，A 点的水平投影 a 即在该圆上，再由点的正面投影 a' 和水平投影 a 求得点 A 的侧面投影 a''。

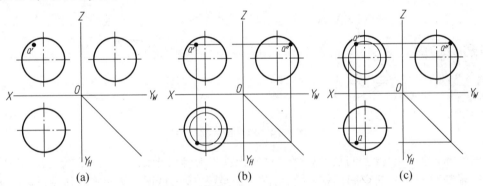

图 3.18 圆球上求点投影的作图过程

(2) 正平纬圆法。如图 3.18(c)所示，在正面投影上以球心为圆心，过点 a' 作圆，该圆为圆球面上过点 A 正平纬圆的实形，在水平投影图中作出该圆的积聚性投影——一条水平线，即可在该直线上找到点 A 的水平投影 a，再由点的正面投影 a' 和水平投影 a 求得点的侧面投影 a''。

3.3 切割体投影

立体被平面截切所产生的表面交线称为截交线。其中将用来截切立体的平面称为截平面，截平面与立体表面的交线称为截断面。无论被切割的立体是平面立体还是曲面立体，截交线都应具有以下两个特性。

(1) 截交线是封闭的平面多边形或曲线。

(2) 截交线既在截平面上又在立体表面上，所以截交线是平面与立体表面的共有线。

3.3.1 平面截切平面体投影

1. 截交线的形状

如图 3.19 所示，平面体的表面都是由平面围成的，所以平面截切平面体时，截交线是一个封闭的平面多边形。

2. 截交线的求法

【参考视频】

平面切割平面体时，截交线是一个封闭的平面多边形，该平面多边形的边是平面体上参与相交的棱面(或底面)与截平面的交线，多边形的角顶点是参与相交的棱线(或底面边线)与截平面的交点，如图 3.19 所示。因此，作平面体上截交线的投影，应先求出平面体上参与相交的棱线(或底面边线)与截平面的交点，然后依次连接各个交点，即得截交线(n 个交点就说明截断面是 n 边形)。

【参考视频】

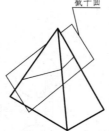

图 3.19　平面体的截交线

求平面体截交线投影的基本思路：首先识读平面体在未截切前的原体形状，其次结合截切位置判断截交线的空间形状，最后分析截交线的投影情况，从而确定作图顺序与方法。

下面通过两个作图实例说明截交线作图的具体方法和过程。

 应用案例 3-11

如图 3.20 所示，绘制五棱柱被斜切后的三面投影图。

分析：截平面与五棱柱的四条棱线相交，且与上底面的两条边线相交，故截交线的形状为六边形 123456。因截平面是正垂面，故截平面的投影具有正面积聚性，即截交线的正面投影都积聚在斜线 1′5′上为已知，从而作出截交线的其余两面投影(作截交线的投影时，若使截平面处于与某个投影面垂直的位置，则作图较简单)。

作图步骤如下。

(1) 首先绘出完整五棱柱的三面投影图，其次绘制截平面的正面投影图，即积聚投影成一条斜直线，如图 3.21(a)所示。从而进一步确定斜直线上 1′、2′、3′、4′、5′、6′六个拐点的位置，其中 1′、2′、3′、4′四个点为棱线与截平面的交点，5′、6′两个点为上底面两条边线与截平面的交点，且 5′、6′为重影点，如图 3.21(b)所示。

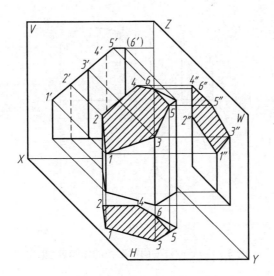

图 3.20 斜切后的五棱柱

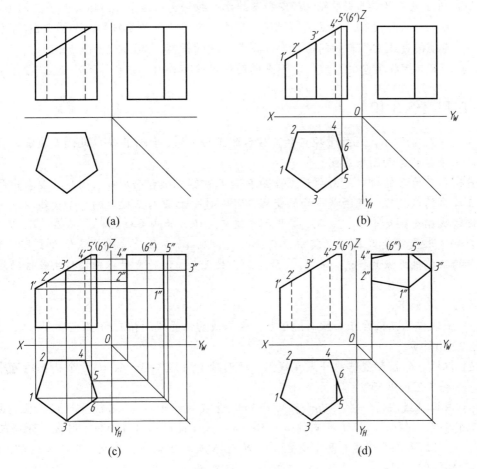

图 3.21 五棱柱三面投影图的作图过程(一)

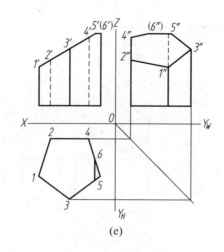

图 3.21 五棱柱三面投影图的作图过程(二)

(2) 因 1、2、3、4 点在棱线上,5、6 点在上底面边线上,故根据投影规律以及点的从属性和点所在直线的积聚性,可以确定截交线水平投影为六边形 123456,如图 3.21(b)所示。

(3) 由点的两面投影,根据投影规律,从而确定各点的侧面投影,如图 3.21(c)所示。

(4) 连接截交线上各点的同名投影,得截交线的投影,如图 3.21(d)所示。

(5) 修剪或擦除多余的图线,看不见的图线用虚线补出,完成作图,如图 3.21(e)所示。

应用案例 3-12

如图 3.22(a)所示,已知带缺口的三棱台的正面投影,试作出缺口处的截交线,并完成带缺口三棱台的另两面投影图。

分析: 三棱台的缺口是由两个正垂面 P 和 R 切割三棱台而形成,因此只要求出两截平面与三棱台的截交线以及两截平面的交线即可。截平面 P 与三棱台的一条棱线以及上底面的两条边线相交得交点 1、2、3;截平面 R 仅与三棱台的两条棱线相交得交点 6、7;两截平面 P 和 R 相交得交线 4、5。其中,交点 1、2、3、6、7 属于棱线或底面边线上,可用点在线上的从属性求点的投影,而 4、5 两点属于棱面上,因此要考虑积聚性法或辅助线法求其投影。

作图步骤如下。

(1) 带缺口的三棱台正面投影图已知,根据截切位置找到相应的 1′、2′、3′、4′、5′、6′,如图 3.22(b)所示。

(2) 根据点的投影规律以及点在线上,从而确定 1、2、3、6、7 五个交点的另外两面投影,如图 3.22(c)所示。

(3) 用辅助线法,分别作 4′m′∥b′c′、(5′)m′∥a′c′交棱线于点 m′,m′点属于棱线上,由"长对正"的关系求得 m,再由 m 点作 4m∥bc、5m∥ac,此时从 4′(5′)向下引线,分别与过 m 所作的 bc、ac 两条平行线有两个交点,即为 4、5 点,由 4、5 点及 4′、5′点作出 4″、5″点,如图 3.22(d)所示。

(4) 依次连接各点的同名投影,得截交线及其两截平面交线的投影图。其中在水平投影中,因 4、5 两点被上底面及其两个棱面的水平投影所遮而不可见,故画成虚线,如图 3.22(e)所示。

第 3 章 立体的投影

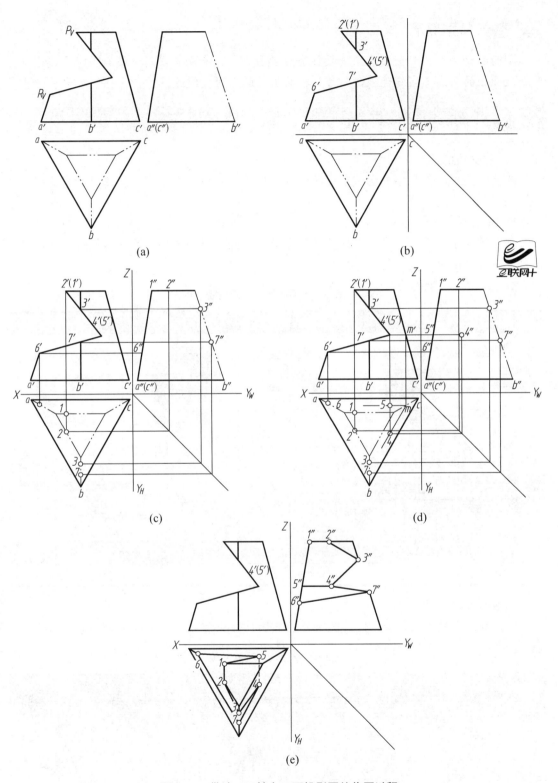

图 3.22 带缺口三棱台三面投影图的作图过程

特别提示

平面截切平面体时截交线中连接各交点的原则：只有两点在同一棱面上时才能连接，可见棱面上的两点用实线连接，不可见棱面上的两点用虚线连接。

3.3.2 平面截切曲面体投影

1．截交线的形状

曲面体的表面都是由曲面或曲面与平面围成的，所以平面截切曲面体时所得的截交线一般为封闭的平面曲线。

1）圆柱体上的截交线

圆柱体被平面截切后产生的截交线，因截切平面与圆柱体轴线的相对位置不同，截交线有以下几种常见情况，见表3-3。

表3-3 平面与圆柱的交线

截平面位置	平行或垂直于轴线			倾斜于轴线
实体图		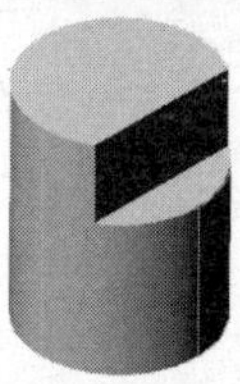	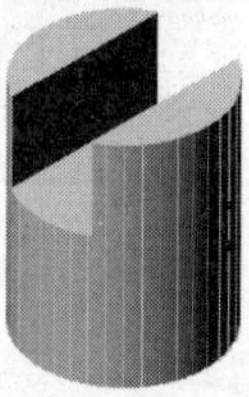	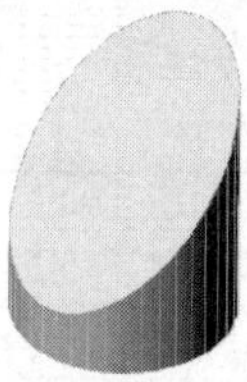
三面投影图	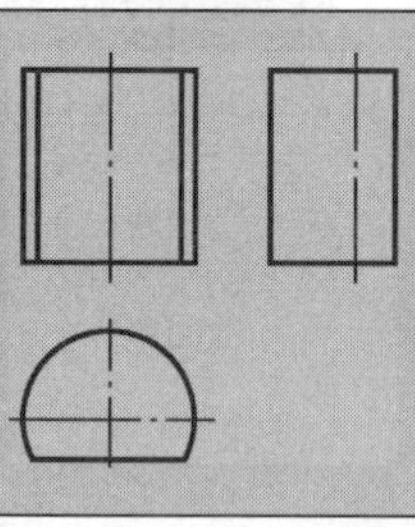	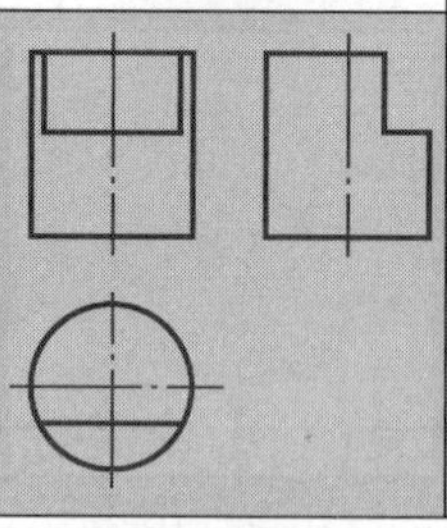	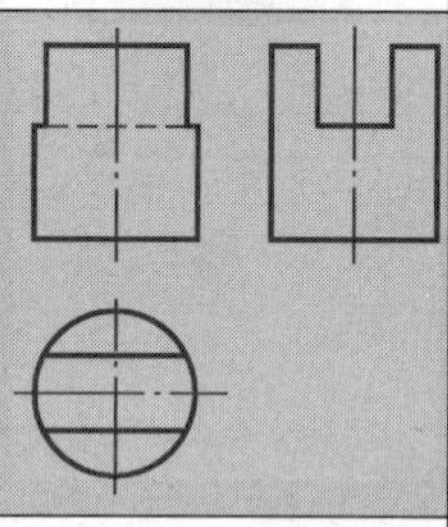	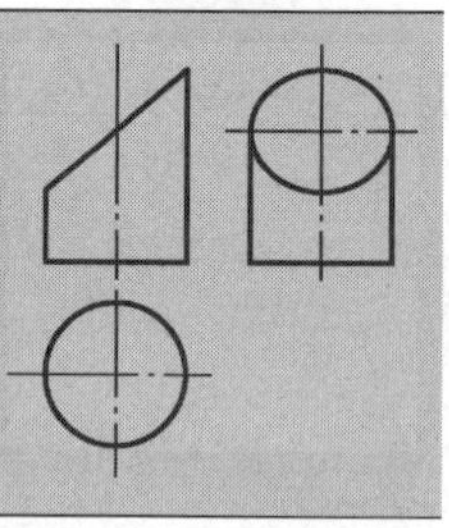
截交线	直线或圆弧			椭圆

2）圆锥体上的截交线

根据截平面的截切位置不同，圆锥体被截切时截交线有以下几种常见情况，见表3-4。

表3-4 平面与圆锥的交线

截面位置	垂直于轴线	与所有素线相交	平行于一条素线	平行于轴线	过锥顶
截交线	圆	椭圆	抛物线	双曲线	直线
轴测图	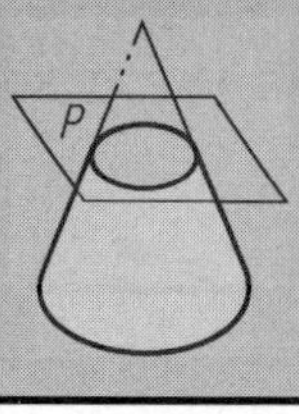		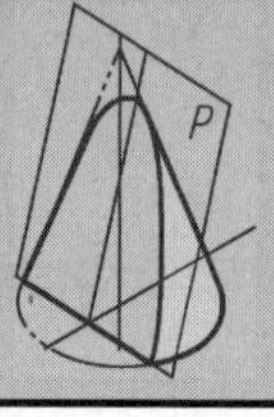		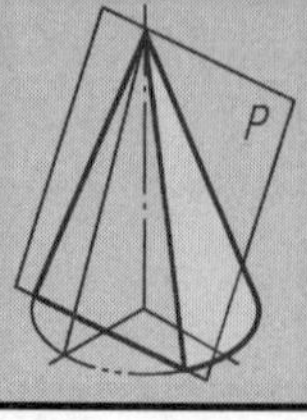

续表

截面位置	垂直于轴线	与所有素线相交	平行于一条素线	平行于轴线	过锥顶
截交线	圆	椭圆	抛物线	双曲线	直线
投影图					

3) 圆球体上的截交线

平面截切圆球,无论截平面的位置如何,其截交线都是圆。当截平面与投影面平行时,截交线在所平行的投影面上投影成一个圆,反映截面圆的实形,另外两面投影分别积聚为直线,直线的长度为截面圆的直径。截切平面距球心愈近(h 越小),圆的直径(d)越大;h 越大,其直径越小,如图 3.23 所示。

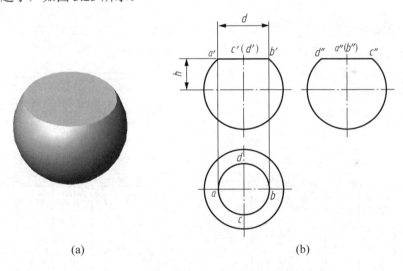

图 3.23 圆球上截交线的作图法

(a) 立体图;(b) 投影图

2. 截交线的求法

截交线上的每一点,都是截平面与曲面立体表面的共有点,求出这一系列的共有点,然后依次连接起来即得所求截交线。当截交线是非圆曲线时,求共有点的原则一般情况下为,先求控制点,再求中间点。

控制点是对截交线的投影起控制作用的点,一般为曲面外形轮廓素线上的点、控制截交线形状特征的点(如椭圆的长、短轴端点,抛物线、双曲线的顶点)、曲面边界上的点及截交线极限位置的点(如截交线上最高、最低、最左、最右、最前、最后点)。

应用案例 3-13

如图 3.24(a)所示,作出圆柱被正垂面截切后的三面投影图。

分析:

(1) 圆柱轴线垂直于 H 面,圆柱的水平投影积聚为圆;截平面垂直于正面,其正面投影积聚成一条斜线。

(2) 圆柱被正垂面倾斜于轴线截切,截交线为一个椭圆。根据截交线的共有性可知,截交线水平投影必然投影在圆柱面积聚的水平圆周上,正面投影也必然积聚在截平面积聚的正面投影斜线上;因此只需求作截交线椭圆的侧面投影。

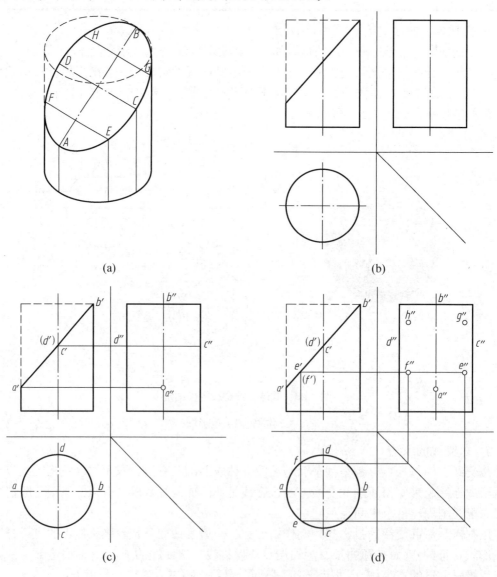

图 3.24　圆柱体上截交线的作图过程(一)

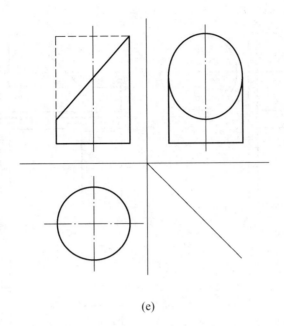

(e)

图 3.24　圆柱体上截交线的作图过程(二)

作图步骤如下。

(1) 根据分析，截交线的正面投影与水平投影已知，如图 3.24(b)所示。

(2) 求控制点。截平面与圆柱面上最前、最后、最左、最右轮廓素线相交得交点 A、B、C、D(椭圆的长、短轴端点)，由水平投影 a、b、c、d 和正面投影 a'、b'、c'、d'，求出侧面投影 a″、b″、c″、d″，如图 3.24(c)所示。

(3) 求中间点。在交线正面投影上取 e'、(f')，利用积聚性求出水平投影 e、f，再根据投影规律求出其侧面投影 e″、f″，然后根据点的对称性求出点 g″、h″，如图 3.24(d)所示。

(4) 将所求各点的侧面投影依次光滑连接得椭圆，即为截交线的侧面投影。擦去被切掉的图线(注意椭圆在 c″、d″处与圆柱前后轮廓线相切)，加深图形，完成作图，如图 3.24(e)所示。

 应用案例 3-14

如图 3.25(a)所示，已知带缺口的圆柱体正面投影，求作它的水平投影和侧面投影。

分析：带缺口的圆柱体由水平面和正垂面截切形成。水平面平行于圆柱轴线，与圆柱面交出两条平行的素线，与圆柱左端面和正垂面交出两条正垂线；正垂面与圆柱轴线倾斜，交出椭圆的一部分。

作图步骤如下。

(1) 作水平面截切圆柱体时四条交线的水平投影 abcd 和侧面投影 a″(c″)b″(d″)，如图 3.25(b)所示。

(2) 正垂面截切圆柱体时交出椭圆的一部分，作图方法与上例相同，如图 3.25(c)所示。

(3) 擦去被切掉的图线，加深图形，完成作图，如图 3.25(d)所示。

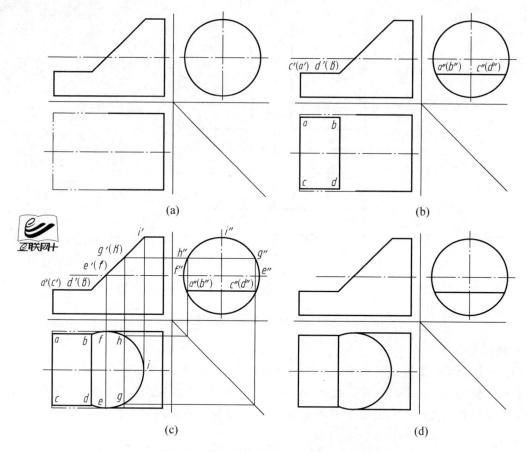

图 3.25 带缺口的圆柱体上截交线的作图过程

应用案例 3-15

如图 3.26(a)所示,作出圆锥被正垂面截切后的三面投影图。

分析:圆锥被正垂面截切所有素线,截交线为椭圆。椭圆的正面投影与截平面重合,水平投影和侧面投影均为椭圆。此时,截交线椭圆上共有六个控制点 A、B、C、D、E、F。其中,A、B 是左、右轮廓素线上的点,又是椭圆长轴的端点和截交线的最高、最低点;C、D 是前、后轮廓素线上的点,又是截交线与圆锥面的切点;E、F 是椭圆短轴的两端点。

作图步骤如下。

(1) 求控制点。A、B、C、D 四点分别在轮廓素线上,根据点在线上的从属性可直接画出水平投影和侧面投影;E、F 两点在圆锥面上,因此需用纬圆法求得水平投影和侧面投影,如图 3.26(b)所示。

(2) 求中间点。在截交线正面投影上取 g'、(h'),利用纬圆法求出水平投影和侧面投影,如图 3.26(c)所示。

(3) 将水平投影的各点和侧面投影的各点依次光滑连接,分别得椭圆。擦去被切掉的图线,加深图线,完成作图,如图 3.26(d)所示。

第 3 章 立体的投影

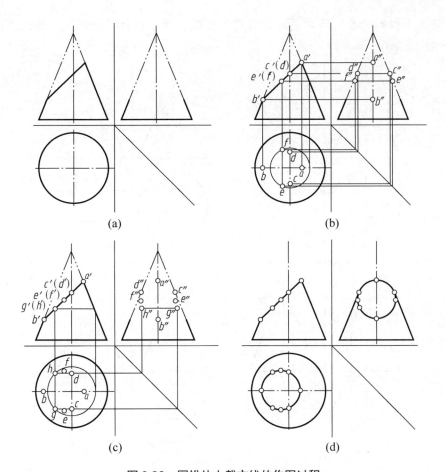

图 3.26 圆锥体上截交线的作图过程

 应用案例 3-16

如图 3.27(a)所示，已知带缺口的圆锥体正面投影，求作它的水平投影和侧面投影。

分析：带缺口的圆锥体同时被水平面和侧平面两个平面截切。其中水平面截切时截交线为圆的一部分，根据线在面上的从属性和面的积聚性投影，截交线正面投影和侧面投影分别为直线，而水平投影仍然为圆的一部分，且反映截交线的实形；侧平面截切圆锥体时截交线是一条双曲线，双曲线的正面投影和水平投影分别为直线，因此只需求它的侧面投影。

作图步骤如下：

(1) 水平面截切圆锥体时截交线形状为圆的一部分。其正面投影积聚成直线段为已知，利用纬圆法可求水平投影为圆弧 bcd，再由水平投影和正面投影确定侧面投影直线段 $b''c''$，如图 3.27(b)所示。

(2) 侧平面截切圆锥体时截交线形状为双曲线。首先求作控制点 A、B、C 的三面投影，如图 3.27(b)所示；其次在双曲线的正面投影上取 e'、(f') 两个中间点，利用纬圆法求得另外两面投影 e、f 和 e''、f''，如图 3.27(c)所示。

79

(3) 将侧面投影的各点依次光滑连接得双曲线。擦去被切掉的图线，加深图形，完成作图，如图 3.27(d)所示。

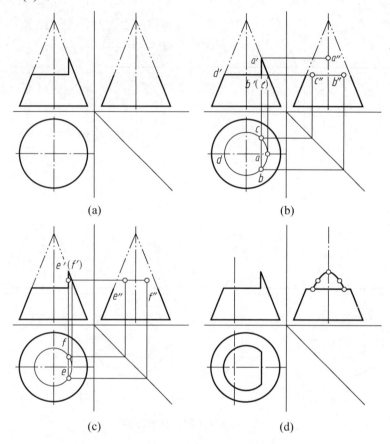

图 3.27　带缺口的圆锥体上截交线的作图过程

特别提示

平面截切曲面体截交线为非圆曲线时，为了保证非圆曲线作图的准确性，必须在求得非圆曲线上一系列控制点后，再对某些中间点进行确定。

3.4　相贯体投影

【参考视频】

两立体相交，表面产生的交线称为相贯线。两个立体相交的现象称为相贯，其中一个立体完全穿过另一个立体得到两组相贯线称为全贯；而两个立体各有部分相贯得一组相贯线称为互贯。如图 3.28(a)所示为全贯，图 3.28(b)

所示为互贯。两个立体相交，可以是平面体与平面体相交、平面体与曲面体相交以及曲面体与曲面体相交。但任何相贯线都具有以下两个特性。

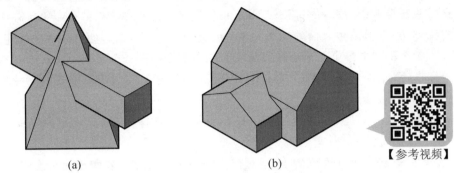

图 3.28　两平面立体相交

(a) 全贯；(b) 互贯

(1) 相贯线一般是封闭的。
(2) 相贯线是两个立体表面的共有线。

需要注意的是，两个立体相交后应把它们视为一个整体，一个物体在另一个物体内的部分是不独立的，不应画虚线。

3.4.1　两平面立体相交

两个平面立体相交时，相贯线上各个折点是平面体上参与相交的棱线或底面边线与另一个平面体表面的交点，每段折线是两个平面立体中两相交棱面的交线。所以，求两个立体表面交线仍是求平面上点的投影问题。

 应用案例 3-17

如图 3.29 所示，已知长方体和四棱锥相贯，求作它们的相贯线。

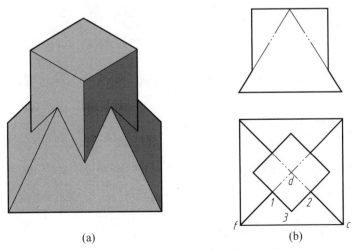

图 3.29　长方体与四棱锥相交

分析：根据两平面体的相对位置，可知长方体的四条棱线分别与四棱锥的四个棱面相交得到四个交点；四棱锥的四条棱线分别交于长方体的四个棱面得到四个交点；这八个折点顺序连接围成所求的相贯线。由于相贯体前后、左右形状对称，故只需要求出四棱锥的前棱面 *dfc* 与长方体表面的交线，其余的交线可以根据图形的对称性直接作出。

在平面相贯体中，每个棱线与表面相交都会形成一个交点。由此可以判断出长方体与四棱锥的 *dfc* 面相交产生 1、2、3 三个交点，如图 3.29 所示。1、2 是四棱锥棱线上的点，3 是四棱柱棱线上的点。

只要求出 1、2、3 点的正面投影后连接，即可得两立体表面的相贯线的投影。

作图步骤如下。

(1) 分别在四棱锥的 *df* 和 *dc* 棱线上找到 1、2 两点，在四棱柱的最前棱线上找到 3，它也是四棱锥前面 *dfc* 上的点，如图 3.30(a)所示。

(2) 在相应的棱线上求出两点的正面投影 1′、2′，如图 3.30(b)所示。

(3) 根据平面上求点的作图方法，在平面 *dfc* 上求出 3 的正面投影 3′，如图 3.30(c)所示。

(4) 连接各点的正面投影，并补上漏画的棱线，如图 3.30(d)所示。

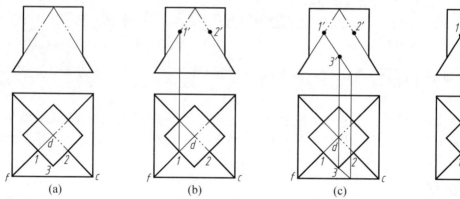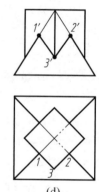

图 3.30 长方体与四棱锥相贯线的作图过程

 **特别提示**

相贯线和截交线的作图方法是相似的，两个平面立体相交，相贯线可以认为是其中一个平面立体被另一个平面立体的多个平面同时截切所得的截交线所围成的。

3.4.2 平面立体与曲面立体相交

1. 平面立体与曲面立体相交相贯线的形状

平面立体与曲面立体相交，一般情况下，相贯线由若干段平面曲线或平面曲线和直线围成。

2. 平面立体与曲面立体相交相贯线的求法

各段平面曲线或直线，就是平面立体上各棱面或底面截切曲面立体时所得的截交线。

每一段平面曲线或直线的折点,就是平面立体上各棱线或底面边线与曲面立体表面的交点。求平面体与曲面体的相贯线,一般情况下采用表面上求点的方法。

应用案例 3-18

如图 3.31 所示,已知水渠护坡与翼墙相交,求作它们的相贯线。

分析:水渠护坡(直五棱柱体)与闸室翼墙(含 1/4 圆柱的组合体)相交,如图 3.32(a)所示。相贯线由两部分组成,即护坡与翼墙平面体的交线 AB 和护坡与翼墙 1/4 圆柱体曲面的交线 1/4 椭圆 BCD。护坡斜面的侧面投影积聚为一条斜线,故相贯线的侧面投影会投影在该斜线上;翼墙表面的水平投影具有积聚性,故交线 AB 的水平投影会投影在铅直线上,交线 1/4 椭圆 BCD 的水平投影会投影在 1/4 圆周上。此时,只需求相贯线的正面投影。

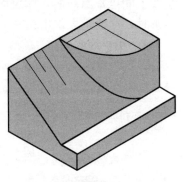

图 3.31 水渠护坡与翼墙相贯

作图步骤如下。

(1) 根据上述分析可直接求出交线 AB 的水平投影 ab 和侧面投影 a″b″,从而求得正面投影 a′b′,如图 3.32(b)所示。

(2) 求交线 1/4 椭圆 BCD 的投影。首先确定控制点 B、D 的水平投影 b、d 和侧面投影 b″、d″,从而求得正面投影 b′、d′;其次在交线上取一中间点 C,从而确定 c、c′、c″,如图 3.32(b)所示。

(3) 将正面投影的各点依次光滑连接得相贯线正面投影,如图 3.32(b)所示。

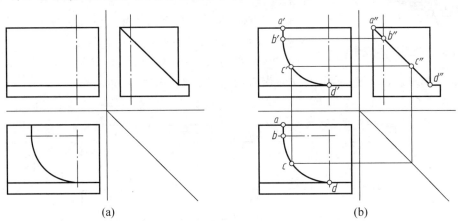

(a)   (b)

图 3.32 水渠护坡与翼墙相贯线的作图过程

特别提示

平面立体与曲面立体相交,相贯线可以认为是曲面立体被平面立体的多个平面同时截切所得的截交线围成的。

3.4.3 两曲面立体相交

1．两曲面立体相交相贯线的形状

两曲面体的相贯线一般情形下是封闭的空间曲线，特殊情形下是平面曲线或直线。相贯线上的点是两曲面立体表面的共有点，即两立体的共有线。求作两曲面立体的相贯线的投影时，一般是先作出相贯线上一系列点的投影，再连接成相贯线的投影。

2．相贯线的求法

积聚投影法，即相交的两曲面体，如果有一个表面投影具有积聚性，则相贯线的点的投影必然落在该表面的相应积聚投影上，点的其余投影可利用曲面体表面上定点的办法求出。

 应用案例 3-19

如图 3.33 所示，两圆柱体相贯，求作它们的相贯线。

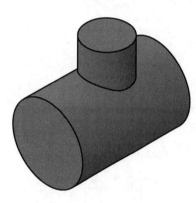

图 3.33 两圆柱体相贯

分析：水平圆柱轴线垂直于 W 面，柱面的侧面投影积聚成圆周，相贯线的侧面投影是小圆柱投影范围内的一段大圆弧；直立圆柱轴线垂直于 H 面，柱面的水平投影积聚成圆周，所以交线的水平投影恰好是小圆(即小圆柱的水平积聚投影)。因此，只需求作相贯线的正面投影。

作图步骤如下。

(1) 求控制点。A、B、C、D 四点分别在直立圆柱的轮廓素线上，其中，A、B 两点是相贯线的最低点，C、D 两点是最高点，根据点在线上的从属性可直接求出 A、B 两点水平投影和侧面投影，如图 3.34(b)所示。

(2) 求中间点。在相贯线水平投影上取 e、f 两点，根据投影规律分别求出正面投影 e'、f' 和侧面投影 e''、f''，如图 3.34(c)所示。

(3) 将正面投影的各点依次光滑连接得相贯线的正面投影，如图 3.34(c)所示。

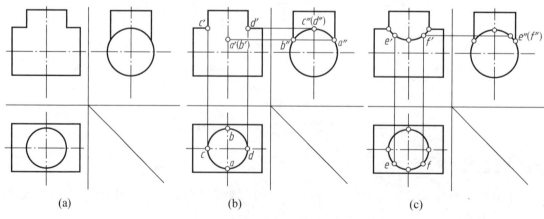

图 3.34 两圆柱体相贯线的作图过程

3. 相贯线的简化画法

为了简化作图,可用如图 3.35 所示的圆弧近似代替这段非圆曲线,圆弧半径为大圆柱半径。必须注意,根据相贯线的性质,其圆弧应向大圆柱轴线方向凸起。

4. 相贯线的特殊情况

在一般情况下,两回转体的相贯线是空间曲线,但在一些特殊情况下,相贯线也可能是平面曲线或直线。表 3-5 为相贯线是平面曲线的几种情况。

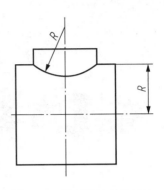

图 3.35 相贯线的简化画法

表 3-5 相贯线的特殊情况

	等径圆柱正交	等径圆柱斜交	圆柱轴线过球心	圆锥轴线过球心
实体图				
投影图				

特别提示

两曲面体相交,相贯线为非圆曲线时,应注意不仅要求作控制点,还要求作某些中间点来保证图形的准确性。

小 结

【在线答题】

本章主要介绍了基本立体的投影,平面切割基本立体后的投影以及两个基本立体相交后的投影。

通过本章的学习,要求:

(1) 掌握棱柱体和棱柱体上点、线、面的投影规律,会进行投影分析并能画出它们的三面投影图。

(2) 掌握圆柱体和圆柱体上点、线、面的投影规律,会进行投影分析并能画出它们的三面投影图。

(3) 掌握切割体投影和相贯体投影的作图方法。

第4章 轴测图

教学目标

本章主要介绍了轴测图的形成、分类、参数、特征等基本知识,重点介绍了工程中常用的正等轴测图和斜二等轴测图的概念和画法。通过本章的学习与作业实践,应掌握轴测图的意义及绘制正等轴测图和斜二等轴测图的技能。

教学要求

能力目标	知识要点	权重
(1) 了解轴测图的形成过程 (2) 掌握轴测图的基本参数 (3) 掌握轴测图的各种类型 (4) 掌握轴测图的基本特性	轴测图是通过平行投影法绘制的单面投影图;轴测图的基本参数有轴间角和轴向变形系数;轴测图有正轴测图和斜轴测图之分,且均可再分成三类(等测、二测和三测);轴测图的基本特性有:平行性、定比性、显实性	20%
(1) 了解正等轴测图的形成,掌握正等轴测图的轴间角和轴向变形系数 (2) 掌握平面体正等轴测图的画法 (3) 掌握圆和曲面体正等轴测图的画法	正等轴测图的轴间角均为120°,轴向变形系数为0.82,可简化为1;平面体的正等轴测图可用坐标法、叠加法和端面法绘制;圆的正等轴测图可用四圆心法绘制,曲面体的正等轴测图可结合圆的正轴测图和平面体的正等轴测图的画法绘制	45%
(1) 了解斜二等轴测图的形成,掌握斜二等轴测图的轴间角和轴向变形系数 (2) 掌握平面体斜二等轴测图的画法 (3) 掌握曲面体斜二等轴测图的画法	斜二等轴测图可分为正面斜二测和水平斜二测;平面体的斜二等轴测图可用坐标法、叠加法和端面法绘制;绘制曲面体的斜二等轴测图可使圆面平行某投影面从而反映实形来画	35%

第4章 轴测图

引例

多面正投影图能完整地确定工程形体的形状及各部分的大小，作图简便，是工程上广泛采用的图示方法。但这种图立体感较差，不易看懂，如图 4.1(a)所示。如果能在形体的一个投影上同时反映形体的长、宽、高三个方向的尺寸，则这样的图就具有立体感，这样的图称为轴测图。实际工程中的建筑都比较复杂，适当补充一些轴测图十分有用。如图 4.1(b)所示为可用轴测图表达房屋的水平剖面图，借助这个轴测图可以帮助我们更好地理解和识读这个建筑形体。

另外，我们也常常在房地产开发商的宣传画册上看到用轴测图表达一个建筑小区的总体规划图，如图 4.2 所示。

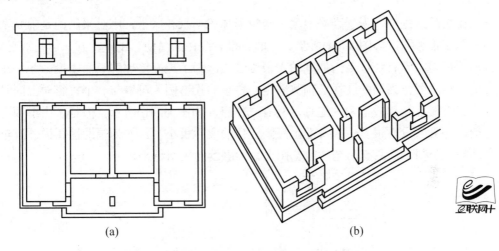

图 4.1　房屋的平面图、立面图与轴测图

(a) 房屋的平面图和立面图；(b) 房屋的轴测图

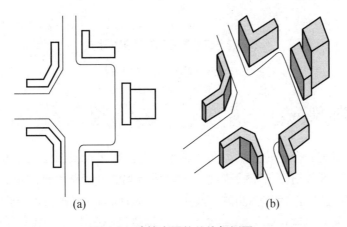

图 4.2　建筑小区的总体规划图

(a) 小区平面图；(b) 小区轴测图

4.1 轴测图的基本知识

4.1.1 轴测图的作用

在实际工程中，为了准确地表达建筑形体的形状和大小，广泛采用的是前几章所介绍的三面正投影图，如图 4.3(a)所示。三面正投影图作图简便、度量性好，但是缺乏立体感，直观性很差，没有经过专门训练的人很难看懂。为了更好地理解三面正投影图，在工程中常使用轴测图作为辅助图样。轴测图是一种单面投影图，可以在一个投影面上同时反映形体的三维尺度，比较形象、逼真，具有立体感，如图 4.3(b)所示。但是，由于轴测图作图复杂，并且度量性很差，很难准确反映形体的实际大小，常作为辅助性图样。近年来，在产品的广告图、商品交易会的展览图上，轴测图的应用越来越多。

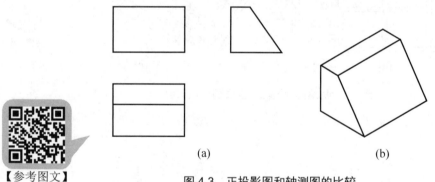

图 4.3 正投影图和轴测图的比较

(a) 正投影图；(b) 轴测图

4.1.2 轴测图的形成

将形体连同确定它空间位置的直角坐标系一起，用平行投影法沿不平行形体任一坐标面或坐标轴的方向 S 投射到一个投影面 P 上，所得到的投影称为轴测投影。用这种方法画出的图称为轴测投影图，简称轴测图。其中，投影方向 S 为轴测投影方向。投影面 P 为轴测投影面，形体上的原坐标轴 OX、OY、OZ 在轴测投影面 P 上的投影 O_1X_1、O_1Y_1、O_1Z_1 为轴测投影轴，简称轴测轴。图 4.4 为轴测图的形成过程。

第4章 轴测图

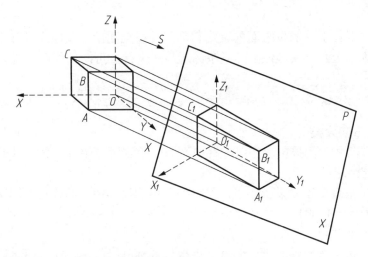

图 4.4　轴测图的形成

4.1.3　轴测图的基本参数

轴测图的基本参数主要有轴间角和轴向变形系数。

1．轴间角

轴测轴 O_1X_1、O_1Y_1、O_1Z_1 之间的夹角为轴间角。如图 4.4 中的 $\angle X_1O_1Y_1$、$\angle X_1O_1Z_1$、$\angle Z_1O_1Y_1$。

2．轴向变形系数

轴测轴上某段长度与它的实长之比，称为轴向变形系数。常用字母 p、q、r 来分别表示 OX、OY、OZ 轴的轴向变形系数，可表示如下。

OX 轴的轴向变形系数 $p=O_1X_1/OX$。
OY 轴的轴向变形系数 $q=O_1Y_1/OY$。
OZ 轴的轴向变形系数 $r=O_1Z_1/OZ$。

4.1.4　轴测图的基本性质

由于轴测图是根据平行投影原理绘制的，必然具备平行投影的一切特性，利用这些特性可以快速准确地绘制轴测投影图。

1．平行性

空间互相平行的线段的轴测投影仍然互相平行。因此，形体上与坐标轴平行的线段，其轴测投影必然平行于相应的轴测轴，且其变形系数与相应的轴向变形系数相同。而空间不平行坐标轴的线段不具备该特性。

2．定比性

空间互相平行的两线段长度之比等于它们的轴测投影长度之比。因此，形体上平行于坐标轴的线段，其轴测投影长度与实长之比，等于相应的轴向变形系数。另外，同一直线上的两线段长度之比，与其轴测投影长度之比也相等。

3. 显实性

空间形体上平行于轴测投影面的直线和平面，在轴测图上反映实长和实形。因此，可选择合适的轴测投影面，使形体上的复杂图形与之平行，可简化作图过程。

4.1.5 轴测图的分类

1. 按投射方向分类

按照投射方向和轴测投影面相对位置的不同，轴测投影图可以分为以下两类。

1) 正轴测投影图

投射方向 S 垂直于轴测投影面时，可得到正轴测投影图，简称正轴测图。此时，三个坐标平面均不平行于轴测投影面。

2) 斜轴测投影图

投射方向 S 不垂直于轴测投影面时，可得到斜轴测投影图，简称斜轴测图。为简化作图，一般选择一个坐标平面平行于轴测投影面，如选择 XOY 坐标平面平行于轴测投影面可得到水平斜轴测投影图，选择 XOZ 坐标平面平行于轴测投影面可得到正面斜轴测投影图。

2. 按轴向变形系数分类

在上述两类轴测投影图中，按照轴向变形系数的不同，又有如下分类。

1) 正轴测图

正等轴测图：$p=q=r$ 时，简称正等测。

正二等轴测图：$p=q\neq r$，或 $q=r\neq p$，或 $p=r\neq q$ 时，简称正二测。

正三等轴测图：$p\neq q\neq r$ 时，简称正三测。

2) 斜轴测图

斜等轴测图：$p=q=r$ 时，简称斜等测。

斜二等轴测图：$p=q\neq r$，或 $q=r\neq p$，或 $p=r\neq q$ 时，简称斜二测。

斜三等轴测图：$p\neq q\neq r$ 时，简称斜三测。

其中，正等轴测图和斜二等轴测图在工程上经常使用，本章主要介绍这两种轴测图。

特别提示

要正确绘出轴测图，必须熟练掌握基本概念，掌握各种基本参数和不同的分类标准，以及有助于绘图的三种特性，为后面合理选择图样表达形体打好基础。

知识链接

轴测图的基本概念

(1) 轴测图是用平行投影法得到的单面投影图。

(2) 轴测图的基本参数是轴间角和轴向变形系数。

(3) 正轴测图有正等轴测图、正二等轴测图、正三等轴测图。

(4) 斜轴测图有斜等轴测图、斜二等轴测图、斜三等轴测图。

(5) 轴测图是由平行投影法得到的，具有平行投影的一切特性，即平行性、定比性和显实性。

4.2 正等轴测图

当投射方向 S 垂直于轴测投影面 P，并且三个坐标轴的轴向变形系数均相等时，所得到的投影图是正等轴测投影图，简称正等测。正等测图在实际工程中应用比较广泛。

4.2.1 正等轴测图的轴间角和轴向变形系数

当投射方向 S 垂直于轴测投影面 P，并且三个坐标轴的轴向变形系数均相等时，三个坐标轴与轴测投影面 P 倾角相等，投影三角形为等边三角形，如图 4.5 所示。根据几何知识，可以得到正等轴测图的轴向变形系数 $p=q=r=0.82$，轴间角 $\angle X_1O_1Y_1 = \angle X_1O_1Z_1 = \angle Z_1O_1Y_1 = 120°$。为简化作图，习惯上把 O_1Z_1 轴画成铅垂位置，O_1X_1 轴和 O_1Y_1 轴均与水平线成 30°，可直接利用 30°三角板作图。

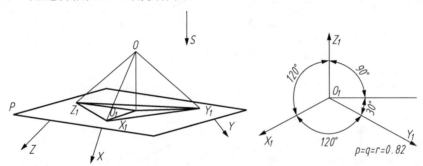

图 4.5 正等轴测图的轴间角和轴向变形系数

在工程实践中，为方便作图，常简化变形系数，取 $p=q=r=1$，这样可以直接按实际尺寸作图，但是画出的图形比原轴测图要大些，各轴向长度均放大 $1/0.82 \approx 1.22$ 倍，如图 4.6 所示。

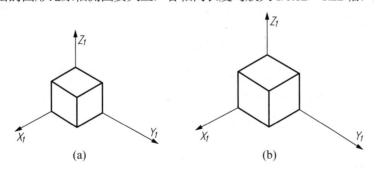

图 4.6 正等轴测图实际画法和简化画法对比

(a) $p=q=r=0.82$；(b) $p=q=r=1$

4.2.2 正等轴测图的常用画法

正等轴测图的常用画法是坐标法、叠加法和端面法。在实际作图中,应根据形体特点的不同灵活使用。为了使图形清晰,作图时应尽量减少不必要的辅助线,一般先从可见部分作图。同时,要合理利用轴测图的特性,如平行性、显实性等,来简化作图。

1. 坐标法

正等轴测图的基本画法是坐标法,即先根据各点的坐标定出其投影,然后依次连线形成形体。

应用案例 4-1

如图 4.7(a)所示,已知某形体的两面正投影图,画出其正等轴测图。

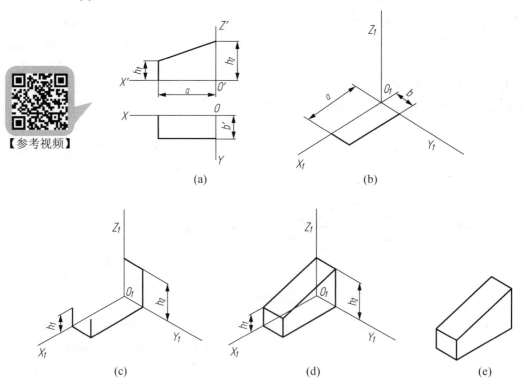

【参考视频】

图 4.7 用坐标法作正等轴测图

(a) 形体正投影图;(b) 底面轴测投影;(c) 确定底面各点的轴测投影;
(d) 完成部分形体轴测投影;(e) 最终形体轴测投影

解: 想象空间形体,确定上下底面上的八个端点后,即可连线成图。

作图步骤如下。

(1) 在两面正投影图上选定坐标轴,如图 4.7(a)所示。

(2) 如图 4.7(b)所示,画出正等轴测投影轴,按尺寸 a、b,画出下底面的轴测投影。

(3) 过下底面各端点的轴测投影,沿 O_1Z_1 方向,向上作直线,分别截取高度 h_1 和 h_2,

可得到形体上底面各端点的轴测投影,如图 4.7(c)所示。

(4) 连接上底面各端点,画出上底面轴测投影图,可得到形体的轮廓,如图 4.7(d)所示。

(5) 擦去多余线,把轮廓线加深,即完成形体的正等轴测投影图,如图 4.7(e)所示。

2．叠加法

组合形体可以看作由几个基本形体叠加而成,其正等测可以分解为几个基本形体的正等测,为便于作图,要注意各部分的相对关系,选择合适的顺序。

应用案例 4-2

如图 4.8 所示,已知某形体的两面正投影图,画出其正等轴测图。

分析：首先想象空间形体,由投影图可知,该形体是由上下两个长方体叠加而成的,两个长方体均前后、左右对称。可选择结合面中心为坐标原点建立坐标系,然后利用对称性,结合坐标法定出形体上下两个长方体两底面的投影,相连即可。

作图步骤如下：

(1) 在两面正投影图上选定坐标轴,如图 4.8 所示。

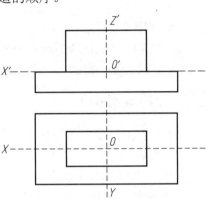

图 4.8　形体的两面正投影图

(2) 如图 4.9(a)所示,画出正等轴测投影轴,按对应尺寸画出下方长方体上底面的轴测投影及上方长方体下底面的轴测投影。

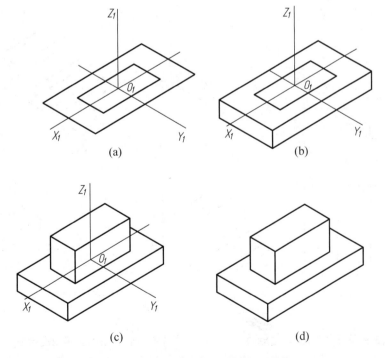

图 4.9　作组合形体的正等测投影图

(a) 结合面轴测投影；(b) 下方长方体轴测投影；(c) 上方长方体轴测投影；(d) 组合体轴测投影

(3) 过下方长方体上底面的轴测投影向下加上高度，得下方长方体的正等测，如图 4.9(b) 所示。

(4) 过上方长方体下底面的轴测投影向上加上高度，得上方长方体的正等测，如图 4.9(c) 所示。

(5) 擦去多余线，把轮廓线加深，即可完成组合形体的正等轴测投影图，如图 4.9(d) 所示。

3. 端面法

一般先画出某一端面的正等轴测图，然后过该端面上各可见顶点，依次加上平行于某轴的高度或长度，得到另一个端面上的各顶点，再依次连接即可。

应用案例 4-3

如图 4.10 所示，已知台阶的两面正投影图，画出其正等轴测图。

作图步骤如下：

(1) 在两面正投影图上选定坐标轴，如图 4.10 所示。
(2) 如图 4.11(a)所示，画出正等轴测投影轴，绘制台阶前端面的轴测投影。
(3) 过前端面各端点加台阶宽度，如图 4.11(b)所示。
(4) 连接后端面各端点，得台阶的正等测投影，如图 4.11(c)所示。
(5) 擦去多余线，把轮廓线加深，即完成台阶的正等轴测投影图，如图 4.11(d)所示。

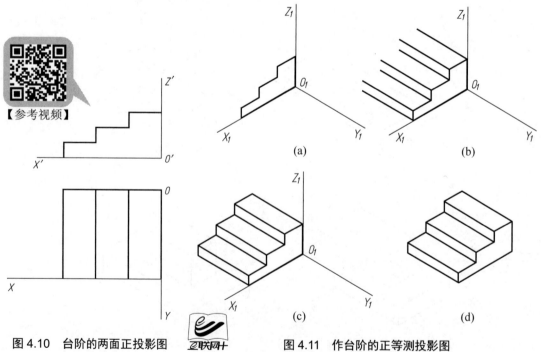

图 4.10　台阶的两面正投影图　　　图 4.11　作台阶的正等测投影图

(a) 前端面轴测投影；(b) 加台阶宽度；
(c) 连接后端面各点；(d) 成图

4.2.3 圆的正等轴测图的画法

在工程中经常会遇到曲面立体,因此要学会圆与圆弧的轴测画法。为简化作图,在绘图中,一般使圆所处的平面平行于坐标面,从而可以得到其正等轴测投影为椭圆。作图时,一般以圆的外切正方形为辅助线,先画出其轴测投影,再用四圆心法近似画出椭圆。现以水平圆为例,介绍其正等轴测图的画法,步骤如下。

(1) 在已知正投影中,选定坐标原点和坐标轴,作出圆的外切正方形,定出外切正方形与圆的四个切点,如图 4.12(a)所示。

(2) 画正等轴测轴,圆外切正方形的轴测投影,如图 4.12(b)所示。

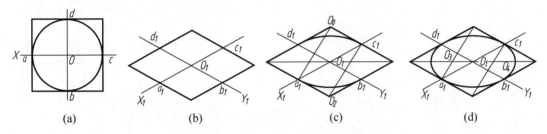

图 4.12　四圆心法作水平圆的正等测图

(a) 水平圆的正投影图;(b) 外切正方形的轴测投影;
(c) 两段大圆弧的轴测投影;(d) 椭圆的轴测投影

(3) 以 O_0 为圆心,O_0a_1 为半径作圆弧 a_1b_1;以 O_2 为圆心,O_2c_1 为半径作圆弧 c_1d_1,如图 4.12(c)所示。

(4) 连接菱形长对角线,与 O_0a_1 交于 O_3,与 O_2c_1 交于 O_4。以 O_3 为圆心,O_3d_1 为半径作圆弧 d_1a_1;以 O_4 为圆心,O_4c_1 为半径作圆弧 c_1b_1,如图 4.12(d)所示。四段圆弧组成的近似椭圆即为所求圆的正等测投影。

同理,可作出正平圆和侧平圆的正等轴测图,三个坐标面上相同直径圆的正等测,如图 4.13 所示,均为形状相同的椭圆。

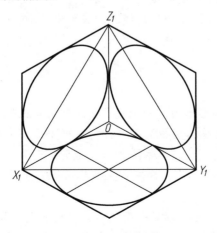

图 4.13　三个坐标面上相同直径圆的正等测

4.2.4 曲面体正等轴测图的画法

 应用案例 4-4

如图 4.14(a)所示，已知圆台的两面正投影图，画出其正等轴测图。

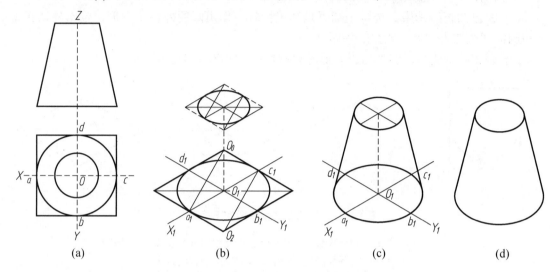

图 4.14 圆台的正等轴测投影

(a) 圆台的正投影图；(b) 上下底面圆的轴测投影；(c) 圆台的轴测投影；(d) 圆台最后轴测投影

分析：首先想象空间形体，由投影图可知，该形体是一个圆台。绘制正等轴测图时，放置空间形体使上下两底面均平行于水平面，应用四圆心法可得到椭圆，便于作图。

作图步骤如下。
(1) 在投影图上选定坐标系，以底面圆心为坐标圆点，作圆的外切正方形。
(2) 用四圆心法作出上下底面的投影——椭圆。
(3) 作上下底面投影——椭圆的公切线，即成形体的轴测图。
(4) 擦去多余线，加重外轮廓线，即得形体的最后正等轴测图。

 应用案例 4-5

如图 4.15(a)所示，已知形体的两面正投影图，画出其正等轴测图。

分析：首先想象空间形体，由投影图可知，该形体由一个圆柱和一个圆锥组成，可利用叠加法作图。为便于作图，放置形体使圆形底面平行于水平面，应用四圆心法可得到圆形底面的轴测投影——椭圆，向上、向下加上高度后便可成图。

作图步骤如下。
(1) 在投影图上选定坐标系，以结合面圆心为坐标原点，如图 4.15(a)所示。
(2) 用四圆心法作出圆柱上底面及圆锥下底面的投影——椭圆，如图 4.15(b)、(c)所示。

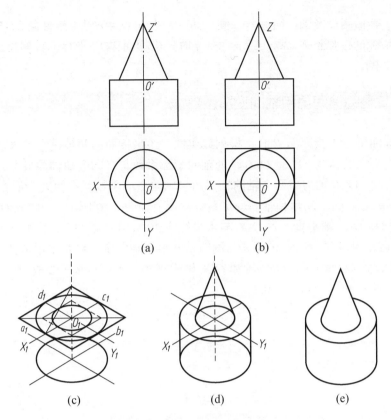

图 4.15　形体的正等轴测投影

(a) 形体的正投影图；(b) 作圆的外切正方形；(c) 底面圆的轴测投影；
(d) 形体的轴测投影；(e) 形体的最后轴测投影

(3) 作圆柱上下底面投影——椭圆的公切线，即为圆柱的轴测图，如图 4.15(d)所示。

(4) 沿 Z_1 向加上圆锥的高度，过顶点作椭圆的公切线，即为圆锥的轴测图，如图 4.15(d)所示。

(5) 擦去多余作图线，加重外轮廓线，即得形体的最后正等轴测图，如图 4.15(e)所示。

特别提示

正等轴测图绘制常用简化的轴向变形系数 1；平面体正等轴测图与曲面体正等轴测图的画法不同处主要在于，后者要作出圆的正等轴测图，常用四圆心法。

4.3　斜二等轴测图

当投射方向 S 倾斜于轴测投影面 P，且两个坐标轴的轴向变形系数相等时，所得到的投影图是斜二等轴测投影图，简称斜二测。其中，当 $p=q\neq r$ 时，坐标面 XOY 平行于轴测投影面 P，得到的是水平斜二测；当 $p=r\neq q$ 时，坐标面 XOZ 平行于轴测投影面 P，得到的是正面斜二测。

4.3.1 斜二测的轴间角和轴向变形系数

当某坐标面平行于投影面 P 时，根据显实性，该坐标面的两轴投影仍垂直，且两个坐标轴的轴向变形系数恒为 1；而 O_1Z_1 轴的轴向变形系数与方向会随轴测投影方向的变化而各自独立的变化，O_1Z_1 轴与另两个轴的轴间角和轴向变形系数互不相关，可独立随意选择。作图时，水平斜二测的轴间角和轴向变形系数常用值如图 4.16 所示，一般取 O_1Z_1 轴为铅垂方向，O_1X_1 轴和 O_1Y_1 轴垂直，且 O_1X_1 与水平线成 30°、45° 或 60°，常取 $r=0.5$，$p=q=1$，为简化作图，也可取 $r=1$。正面斜二测的轴间角和轴向变形系数常用值如图 4.17 所示，一般也取 O_1Z_1 轴为铅垂方向，O_1X_1 轴和 O_1Z_1 轴垂直，且 O_1Y_1 与水平线成 30°、45° 或 60°，常取 $q=0.5$，即有 $p=r=1$，$q=0.5$。

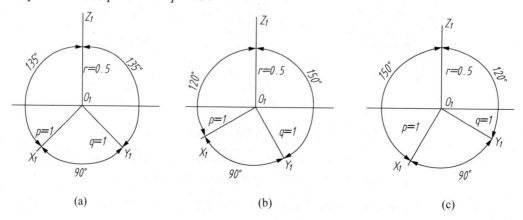

图 4.16 水平斜二测的轴间角和轴向变形系数

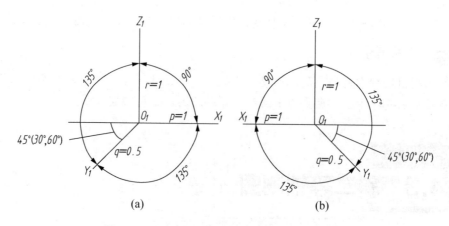

图 4.17 正面斜二测的轴间角和轴向变形系数

4.3.2 斜二测投影图的画法

 应用案例 4-6

已知某棱台的两面正投影图，画出其水平斜二测图，如图 4.18(a)所示。

分析：首先想象空间形体，由投影图可知，该形体是一个六棱柱，可利用坐标法作图。根据题意，放置形体使下底面平行于水平面，得到六顶点的水平斜二测投影后，向上加上高度便可成图。

作图步骤如下。

(1) 在投影图上选定坐标系，如图 4.18(a)所示。
(2) 作出棱柱底面的水平斜二测，如图 4.18(b)所示。
(3) 在棱柱底面的六顶点上加上高度，如图 4.18(c)所示。
(4) 连接上底面六顶点的轴测投影，即为棱柱的水平斜二测图，如图 4.18(d)所示。
(5) 擦去多余作图线，加重外轮廓线，即得形体的最后斜二测图，如图 4.18(e)所示。

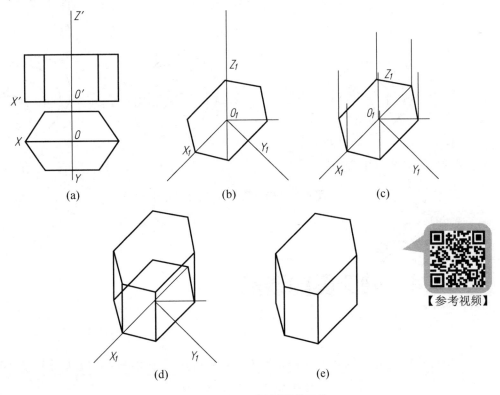

图 4.18 棱柱水平斜二测投影图的画法

 应用案例 4-7

已知某形体的两面正投影图，画出其斜二测图，如图 4.19(a)所示。

分析：首先想象空间形体，由投影图可知，该形体由高度不同的两个圆台组成，其中，左面圆台较小，右面圆台较大。由于形体只在一个方向上有圆形，为简化作图，可放置形体使圆面平行于正平面，并取小圆端面圆心为坐标原点。作出各圆的正面斜二轴侧投影后，画出可见的切线即可。

作图步骤如下。

(1) 在投影图上选定坐标系，如图 4.19(a)、(b)所示。

(2) 画出正面斜二轴测轴，在 OY 轴上量出 OA 一半的长度，定出 A 点；再量出 AB 一半的长度，定出 B 点，如图 4.19(c)所示。

(3) 分别以 O、A、B 为圆心，根据正投影图上的长度，画出各圆，如图 4.19(d)所示。

(4) 作出每一对等直径圆的公切线，如图 4.19(e)所示。

(5) 擦去多余作图线，加重外轮廓线，即得形体的最后斜二测图，如图 4.19(f)所示。

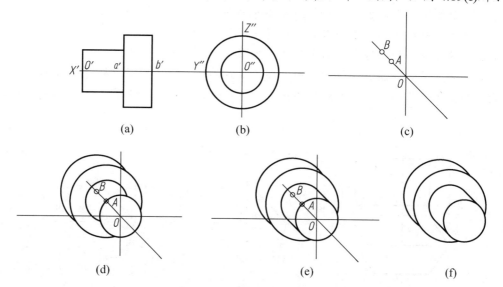

图 4.19　形体正面斜二测投影图的画法

4.4　轴测图的选择

由前面讲解可知，轴测图的种类很多，在实际应用中选择时，应从两个方面考虑：一是作图简便；二是直观性好、立体感强，表达效果明显。

1. 作图简便

由于正等轴测图的三个轴间角和轴向变形系数均相同，作图较为简便，宜优先考虑；尤其是当形体上多个方向都有平行于坐标面的圆时，宜采用正等轴测图，因为正等测椭圆比斜轴测椭圆容易画，且作图效果较好，如图 4.15 所示。

如果形体上某个方向有许多平行于坐标平面的圆或圆弧或该部位形体复杂时，宜采用斜轴测图，并且使该方向坐标平面平行于某个轴测投影面，这样就可以利用平行显实性简化作图，如图 4.19 所示。

2．表达效果明显

为了使轴测图达到良好的效果，在作图前，应先对形体的正投影图进行分析，考虑清楚形体的特点，同时考虑轴测投影方向与各直角坐标面的相对位置，选择表达效果最好的轴测图。一般应注意以下几点。

（1）尽量避免被遮挡。作轴测图时，应尽可能将形体的主要特征和复杂部分表达清楚，尽量反应特殊部位的面貌。如形体上有孔、洞槽等隐蔽部分，应选择合适的轴测图将这些部位表达清楚，尽量不要被遮挡。

（2）尽量避免转角处交线投影成一条直线。

（3）尽量避免形体表面的投影积聚为直线。

特别提示

斜二轴测图主要用于表示仅在一个方向有圆或圆弧的形体，当形体在两个或两个以上方向有圆或圆弧时，通常采用正等测的方法绘制轴测图。

小　结

本章主要介绍了轴测图的基本知识和绘制方法。

通过本章的学习，要求：

（1）轴测图的基本参数有轴间角和轴向变形系数，轴测图的基本种类有正轴测图和斜轴测图。不同的轴测图，其基本参数选取有所不同，应注意区分。

（2）正轴测图分正等测、正二测和正三测，要求能熟练绘制平面体正等轴测图和曲面体正等轴测图，熟练掌握坐标法、叠加法和端面法，熟练掌握四圆心法绘圆的正等轴测图。

（3）斜轴测图分斜等测、斜二测和斜三测，要求掌握平面体斜等测图和仅在一个方向有圆或圆弧的曲面体斜等测图的绘制。

【在线答题】

第5章 组合体的投影图

教学目标

本章主要介绍组合体三面投影图的画法、组合体的尺寸标注、组合体三面投影图的阅读方法等。通过本章的学习与作业实践,应掌握投影图绘制的基本方法和技能。

教学要求

能 力 目 标	知 识 要 点	权重
(1) 掌握组合体的组合形式 (2) 掌握组合体各部分间的表面连接关系及投影特点 (3) 掌握形体分析法的概念	组合体的组合形式(叠加式、切割式、混合式);掌握组合体各部分间的表面连接关系及投影特点(相互平齐、相切、相交和不平齐);组合体分析法的概念	20%
掌握组合体三面投影的画法及步骤	形体分析;选择主视图;确定比例进行图面布置;画投影图、检查并加深图线	25%
(1) 掌握标注尺寸的基本要求 (2) 掌握基本体的尺寸标注 (3) 掌握切割式组合体的尺寸标注 (4) 掌握叠加式(综合式)组合体的尺寸标注	基本体尺寸标注的基本要求;组合体尺寸标注的组成;组合体尺寸标注过程中遇到的问题	25%
掌握组合体读图的基本方法及步骤	组合体识读方法有形体分析法;线面分析法两种	30%

第 5 章 组合体的投影图

🏠 **引例**

在建筑工程中,我们会接触到各种形状的建筑物(如房屋、水塔)及其构配件(如基础、梁、柱等)其形状虽然复杂多样,但是经过仔细分析,不难看出它们一般都是由一些简单的几何体经过叠加、切割或相交等形式组合而成的。如图 5.1(a)所示的柱基础图和图 5.1(b)所示的台阶。

思考: 图 5.1(a)所示的柱基础图和图 5.1(b)所示的台阶都是由哪些简单的几何体组成的?

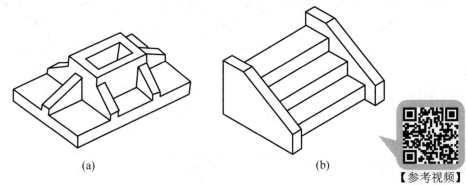

图 5.1 柱基础图和台阶

(a) 柱基础图;(b) 台阶

【参考视频】

5.1 组合体投影图的画法

5.1.1 组合体的组合方式

组合体是指该物体是由两个以上的基本形体组合而成的。组合体从空间形态上看,要比前面所学的基本形体复杂。但是,经过观察也能发现它们的组成规律,它们一般由三种组合方式组合而成。

(1) 叠加式。由若干个基本形体叠加而成的组合体,如图 5.2(a)所示,该组合体由一个长方体、一个三棱柱及一个五棱柱叠加而成。

(2) 切割式。由一个大的基本形体经过若干次不同位置的截面切割而形成的组合体,如图 5.2(b)所示,该形体是从大的四棱柱体上切割掉一个小四棱柱体而形成的切割体。

(3) 综合式。由基本形体叠加和被切割而成的组合体,如图 5.2(c)所示,该组合体既有叠加又有切割。

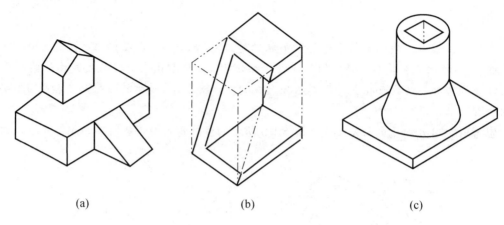

图 5.2　组合体的组合方式

(a) 叠加式；(b) 切割式；(c) 综合式

5.1.2 组合体表面连接方式

组合体的组合方式都是人为假想的，在作形体的投影图时，都要归结到一个完整形体来考虑，而不能将其分开来。因此，将组合体分析成相应的组合方式时，有一些连接关系应当注意。所谓连接关系，就是指基本形体组合成组合体时，各基本形体表面间真实的相互关系。如两表面相互平齐、相切、相交和不平齐(相错)。

组合体表面连接关系是相切的，那么在画投影图时这一位置就不能画线；如果是相交的就要画线；如果表面连接关系是平齐的，就不能画线；如果是不平齐的，就要画线，如图 5.3 所示，否则与实物的空间状态不符。

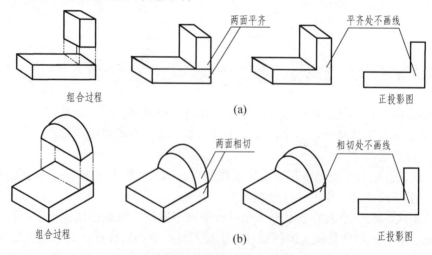

图 5.3　组合体表面的几种连接关系(一)

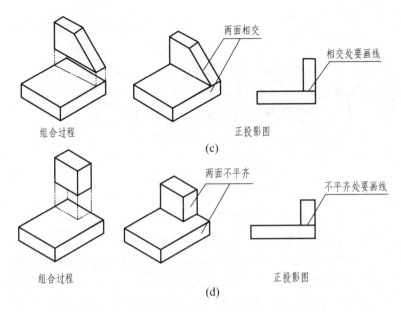

图 5.3 组合体表面的几种连接关系(二)

(a) 表面平齐；(b) 表面相切；(c) 表面相交；(d) 表面不平齐

组合体是由基本形体组合而成的，所以基本形体之间除表面连接关系以外，还有相互之间的位置关系。如果以某一个基本形体为参照，另一个基本形体在组合体的位置就有前后、上下、左右、中间等。如图 5.3 所示为叠加式组合体组合过程中的几种位置关系。

认识和注意基本体之间的表面连接关系和相互位置，对组合体投影的识图和作图是很有帮助的。

5.1.3 组合体投影图的画法概述

绘制组合体投影图的作图步骤一般分为形体分析、选择主视图、确定比例进行图面布置、画投影图和检查并加深图线等五步。

1．形体分析

一个组合体可以看作由若干基本形体所组成。对组合体中基本形体的组合方式、表面连接关系及相互位置等进行分析，弄清各部分的形状特征，这种分析过程称为形体分析。作图前首先要对所要画的组合体进行形体分析，分析它是由哪些简单立体组成的，各立体之间是什么组合方式，以及它们对投影面的相对位置关系。从形体分析中，进一步认识组合体的组成特点，从而总结出组合体的投影规律，为画组合体的三视图做好准备。如图 5.4 所示，可以把形体分为 I、II 两个平放着的五棱柱和带缺口的四棱柱III、三棱锥IV这样四个基本形体，如图 5.4(b)所示。四棱柱体III在形体 I 的上面，形体II在形体 I 的前面，三棱锥IV在形体 I 和形体II的相交处。

2．选择主视图

主视图是三视图中最重要的视图。主视图选择的好坏，直接影响组合体表达的清晰性。选择主视图的原则如下：

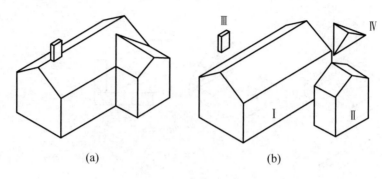

图 5.4 组合体的形体分析

(a) 组合体；(b) 形体分析图

(1) 组合体应按自然位置放置，即使组合体保持姿态稳定。

(2) 主视图应较多地反映组合体各部分的形状特征，即把反映组合体的各组成形体和它们之间相对位置关系最多的方向作为主视图的投射方向。如图 5.5 所示的正面投影，较好地反映了房屋正立面的主要特征，其他投影也相应地反映了房屋的其他特征。对于较抽象的形体，则应将选用最能表达自身投影特征的那个面作为特征来确定，如三棱柱的三角形侧面、圆柱的圆形底面等。

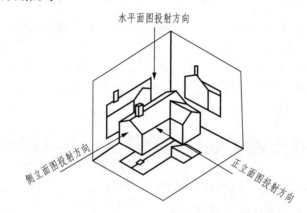

图 5.5 组合体投射方向

(3) 在三视图中尽量减少虚线，即在选择组合体的安放位置和投射方向时，要同时考虑各视图中不可见的部分最少。所以投影图的选择，要在反映形体的前提下，尽量避免选用虚线多的投影图，若投影图不能减少，则选虚线少的一组。如图 5.6(a)所示为一个物体两种不同摆放位置的正等测图，而图 5.6(b)、(c)为两种不同摆放的三面投影图，图 5.6(c)左侧立面图中虚线较多，显然选择图 5.6(b)比较合理。

3. 确定比例进行图面布置

此时一般采用两种方法。一是根据组合体的复杂程度和大小选择画图比例(尽量选用 1∶1)。选定比例后，根据物体的长、宽、高尺寸，计算出三个视图所占的面积，并在视图之间留出标注尺寸的位置和适当间距。根据估算结果，选用合适的标准图幅。二是先定图幅，根据图幅来调整绘图比例。在实际绘图中，常常将两种方法兼顾考虑。

第 5 章 组合体的投影图

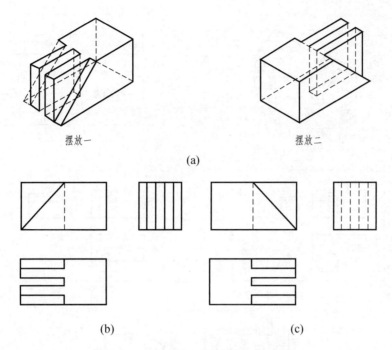

图 5.6 组合体不同摆放位置及其投影

(a) 不同的摆放位置；(b) 摆放一的投影图；(c) 摆放二的投影图

4．画投影图

作图的一般步骤如下。

(1) 布置图面，画基准线。根据视图的大小和位置，画出基准线(对称中心线和确定主要表面的基线)。基准线是画图时测量尺寸的起点，每个视图应画出两个方向的基准线。

(2) 画底稿。首先选定比例及图幅，其次计算每个图的大小，均衡、匀称地布置图位。如果投影图上要求标注尺寸，则应留出标注尺寸的位置。

画底稿的顺序是，先画主要形体，后画次要形体；先画外形轮廓，后画内部细节；先画可见部分，后画不可见部分。对称中心线和轴线要用细点画线直接画出，不可见部分的虚线也可直接画出。

5．检查并加深图线

画完底稿后，要按形体逐个检查，并纠正错误和补充遗漏。检查无误后，再用标准图线加深，填写标题栏，完成全图。若需标注尺寸，应在注完尺寸后再加深图线，以利于图面整洁。

 应用案例 5-1

如图 5.7 所示，按基本形体叠加方法作图示房屋的三面投影图。

1) 形体分析

形体可以看作由四个基本形体组成。形体 Ⅰ 为平放的五棱柱，形体 Ⅱ 为带缺口的长方体，形体 Ⅲ 为四棱柱，形体 Ⅳ 为一个斜切半圆柱体叠加在形体 Ⅰ 和Ⅲ上。

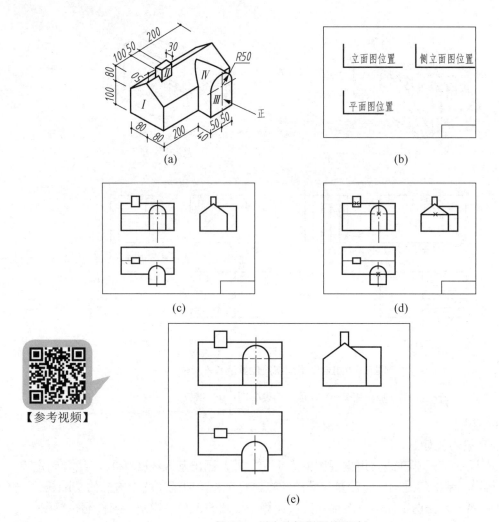

图 5.7 组合体投影图的画法

(a) 立体图；(b) 图面布置；(c) 画底稿线；(d) 改错；(e) 三面正投影图

2) 选择主视图

选择正立面为主透视图，较好地反映了房屋正立面的主要特征，其他投影图也相应地反映了房屋的其他特征。

3) 确定比例和图幅

采用 1∶1 的比例，用 A1 幅面绘制。当物体体积较大时，通常缩小比例绘制。作业中一般采用 1∶1 比例。

4) 画投影图

(1) 图面布置。一般情况下正立面 V 绘制在图纸左上方，平面图 H 绘制在 V 面正下方，左右对正；侧立面 W 绘制在 V 正右方，上下平齐。各图之间要保留一定空隙，以用来标注尺寸。问题考虑好后，画出基准线，如图 5.7(b)所示。

(2) 画底稿线。应先画主要形体，后画次要形体；先画外形轮廓，后画内部细节，画图时要注意各基本形体之间的相互位置关系。

叠加法的画法如图 5.7(c)所示。
第一步画形体Ⅰ的三面投影。
第二步按照给定尺寸及位置画出叠加形体Ⅱ的三面投影。
第三步按照给定尺寸及位置画出叠加形体Ⅲ的三面投影。
第四步画出斜切半圆柱体Ⅳ的三面投影。

5) 检查并加深图线
检查并加深图线，完成全图。

特别提示

要保证所绘制图样准确无误，每个绘图人员必须养成自我检查的良好习惯。在本图例中容易出错的地方有四处，即图 5.7(d)中打×处：平面图中半圆柱体下不应该画交线；立面图中在形体Ⅱ位置屋脊线不能画通；侧立面中圆柱与墙面相切处，不应有交线。确认准确无误后，方可加深图线，如图 5.7(e)所示。

应用案例 5-2

如图 5.8 所示，按基本形体切割法作图示组合体的三面投影图。

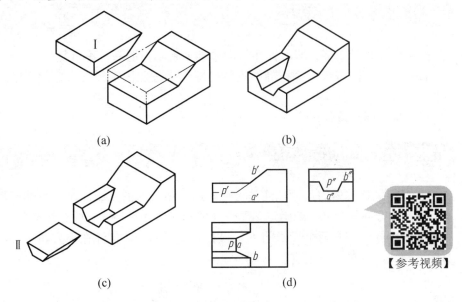

图5.8 切割式组合体投影的画法

1) 形体分析

该切割式组合体的组成为由长方体先切掉第一部分四棱柱(Ⅰ)，如图 5.8(a)所示；再挖掉第二部分斜切四棱柱(Ⅱ)，如图 5.8(b)所示。

2) 选择主视图

除考虑主视图应较多地反映组合体各部分的形状特征外，还应考虑将形体长的方向与 OX 轴平行，这样既与形体本身的长、宽、高一致，又方便图面布置。

3) 确定比例和图幅

本图采用 1∶1 的比例绘制。

4) 画投影图

切割型组合体宜采用逐个作投影图的方法完成制图。先绘制出正立面图，再画出水平面图，最后画出侧立面图。

5) 检查并加深图线

对于切割式组合体来说，应注意的是在投影图中对于实线与虚线的确定，如图 5.8(d) 所示。

5.2　组合体投影图的尺寸标注

组合体的三面投影不仅表达了它的形状，还标注了形体的大小尺寸。组合图投影图也只有标注了尺寸，才能明确它的大小，在实际工作中才能用于施工生产和制作。

5.2.1　标注尺寸的要求

(1) 尺寸数量完整。即所标注的尺寸不多余、不遗漏、不重复。
(2) 尺寸标注符合国家标准的规定。即严格按照国家标准规定的尺寸标注规则进行尺寸标注。
(3) 尺寸标注清晰、合理。

5.2.2　基本体的尺寸标注

熟悉常见基本体的尺寸标注是标注好组合体尺寸的基础。基本形体一般要标注出长、宽、高三个方向的尺寸，来确定基本形体的尺寸大小。尺寸一般标注在反映实形的投影上，尽可能集中标注在一两个投影的下方和右方，必要时才标注在上方和左方。一个尺寸只需要标注一次，尽量避免重复，见表 5-1。

表 5-1　平面体尺寸标注

四棱柱体 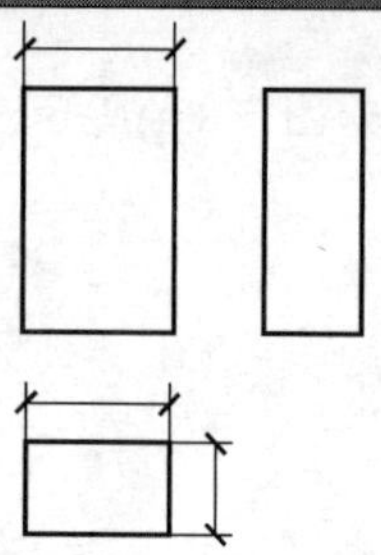	三棱柱体 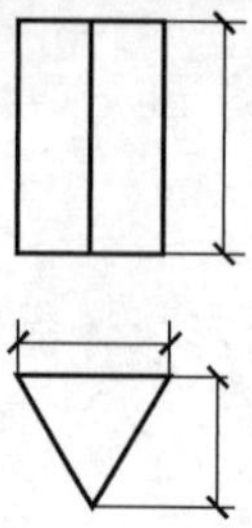	切割四棱柱体 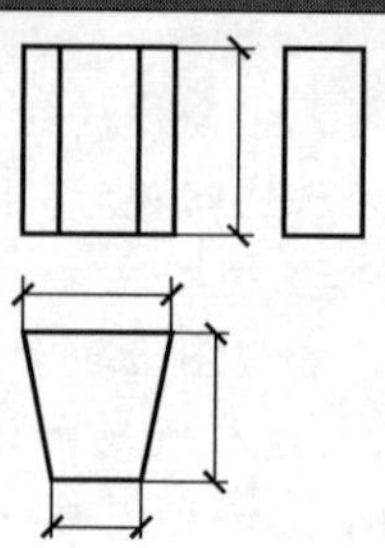

续表

三棱锥体	五棱锥体	四棱台

5.2.3 组合体尺寸的组成

组合体尺寸由三部分组成：定形尺寸、定位尺寸和总体尺寸。

1. 定形尺寸

用于确定组合体中各基本体自身大小的尺寸称为定形尺寸。它通常由长、宽、高三项尺寸来反映。例如，图 5.9 所示组合体投影图中底板长 50，宽 50，高 8；井身长 40，宽 40，高 65；井盖长 30，宽 30，高 6；圆管直径 30，长 20，这些都属于定形尺寸。

2. 定位尺寸

用于确定组合体中各基本形体之间相互位置的尺寸称为定位尺寸。定位尺寸在标注之前需要确定定位基准。所谓定位基准，就是某一方向定位尺寸的起止位置。如图 5.9 所示，投影图中 23、50 即为圆管的中心线到底板之间的定位尺寸。

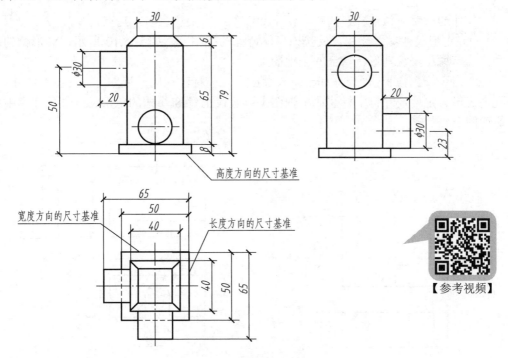

图 5.9 组合体的尺寸标注

对于由平面体组成的组合体，通常选择形体上某一明显位置的平面或形体的中心线作为基准位置。通常选择形体的左(或右)侧面作为长度方向的基准，选择前(或后)侧面作为宽度方向的基准，选择上(或下)底面作为高度方向的基准。对于土建类工程形体，一般选择底面作为高度方向的定位基准，若形体是对称形，则可选择对称中心线作为标注长度和宽度尺寸的基准，如图 5.9 所示。

对于有回转轴的曲面体的定位尺寸，通常选择其回转轴线(即中心线)作为定位基准，不能以转向轮廓线作为定位的依据。

3．总体尺寸

总体尺寸即为确定组合体总长、总宽、总高的外包尺寸。如图 5.9 所示投影图中总长为 65、总宽为 65、总高为 79，即为总体尺寸。

5.2.4　组合体的尺寸标注概述

组合体尺寸标注之前也需进行形体分析，弄清反映在投影图上的有哪些基本形体，然后注意这些基本形体的尺寸标注要求，做到简洁合理。各基本形体之间的定位尺寸一定要先选好定位基准，再做标注，做到心中有数、不遗漏。总体尺寸标注时注意核对其是否等于各分尺寸之和，做到准确无误。

由于组合体形状变化多，定形、定位和总体尺寸有时可以相互兼代。

组合体各项尺寸一般只标注一次。

5.2.5　尺寸标注应注意的问题

尺寸的布置应该整齐、清晰，便于阅读。通常要注意以下几点。

(1) 定形尺寸尽量标注在反映该形体特征的视图上。如图 5.10 所示，V 形槽的定形尺寸，应标注在反映其形状特征的主视图上。

(2) 同一形体的定形尺寸和定位尺寸应尽可能标注在同一视图上。在图 5.11 中，$\Phi 4$ 圆孔的定形、定位尺寸集中标注在主视图上；底板上宽 8 小槽的定形、定位尺寸集中标注在平面图上。

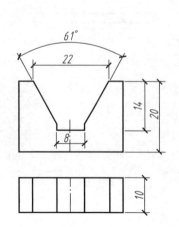
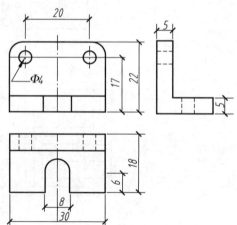

图 5.10 反映特征　　　　　　　图 5.11 集中标注

(3) 尺寸排列要清晰，平行的尺寸应按"大尺寸在外，小尺寸在内"的原则排列，避免尺寸线与尺寸界线交叉。

(4) 内形尺寸和外形尺寸一般应分别标注在视图的两侧，避免混合标注在视图的同一侧。如图 5.12 所示，图 5.12(a)标注较好，图 5.12(b)标注不好。

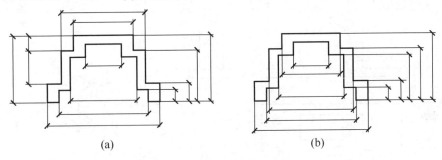

图 5.12 多排尺寸标注的布置

(5) 水平方向的尺寸标注应在尺寸线上方，从左至右注写；垂直方向的尺寸标注应在尺寸线的左侧，从下向上注写。

5.3 组合体投影图的识读

根据已知组合体的投影图，想象出其空间立体形状，称为识读。识读和画图是我们认识物体的两个相反的过程，是相互促进提高的两个过程。要达到读懂的目的，首先要掌握三面投影的投影规律，熟悉形体的长、宽、高三个向度和上、下、左、右、前、后六个方位在投影图上的位置；会应用点、直线、平面的投影特征；必须多看多画，结合立体图反复练习，以逐步建立和提高空间想象力，从而想象出组合体的完整形状。

5.3.1 识读方法

组合体的识读方法有形体分析法、线面分析法。

1. 形体分析法

形体分析法是根据组合中各基本体的投影特点以及分析其组合体的组合方式、表面连接方式等，然后综合归纳想象出物体的空间形状。通常一组投影图中总有某一投影面反映形体的特征相对多些，如正立面投影通常用于反映物体的主要特征。所以从正立面投影(或其他有特征投影)开始，结合另两面投影进行形体分析，就能较快地想象出形体的空间形状。运用形体分析法来想象时，一定要注意抓形体特征，同时注意各基本体间相互位置关系及表面连接方式。

如图 5.13 所示的投影图，V 面投影特征明显，结合观察 W、H 面投影可知，该形体是由下部两个长方体中间位置上叠加一个长方体，然后在其上叠加一个宽度与中间长方体相等的半圆柱体组合而成的。在 W 面投影上主要反映了半圆柱、中间长方体与下部长方体之间的前后位置关系；在 H 面投影上主要反映下部两个长方体之间的位置关系。综合起来就能很容易地想象出该组合体的空间形状。

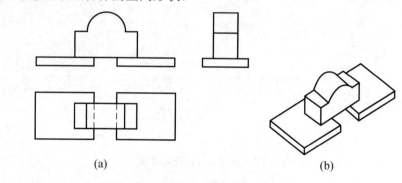

图 5.13　组合体的形体分析

(a) 投影图；(b) 轴测图

2．线面分析法

线面分析法是分析投影图中某条线或某条线框的空间意义，从而想象出空间线或线框的形状和相对位置，最后联想出组合体整体的空间形状。这种方法的运用离不开直线和平面的投影特征。

投影图中线条的含义不仅仅是形体上棱线的投影，投影图中线框的含义也不仅仅表示一个平面的投影，如图 5.14 所示。

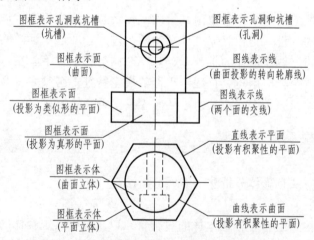

图 5.14　投影图中线条、线框的含义

1) 线条的含义

(1) 表示形体上两个面的交线(棱线)的投影。

第 5 章 组合体的投影图

(2) 表示形体上面的积聚投影。

(3) 表示曲面体的转向轮廓线的投影。

分析线条还可以明确投影图中的线条是形体上的棱线、轮廓线的投影还是平面的积聚投影。

2) 线框的含义

(1) 表示一个面，包括平面或曲面。

(2) 表示两个或两个以上面的重影。

(3) 表示孔、洞、槽或叠加体的投影。

 **特别提示**

形体分析法和线面分析法是相辅相成、密切联系的。读图时，多以形体分析法为主，当某部分仅用形体分析法不易读懂时，再采用线面分析法进一步分析线、线框的投影关系，直到读懂该部分为止。

 应用案例 5-3

根据组合体的三面投影图想象出组合体的空间形状。

如图 5.15 所示，观察各投影图的轮廓特征，可知该形体为切割体。因为 V、H 面投影有凹角，且 V、W 投影中有虚线。那么 V、H 投影中的凹形线框代表什么意义呢？由"高平齐""宽相等"对应 W 投影，可得一条斜直线，如图 5.15(b)所示。根据投影面垂直面的投影特性可知，该凹字形线框代表一个垂直于 W 投影面的凹字形平面(即侧垂面)。结合 V 面、W 面的虚线投影，可想象出该形体是一个有侧垂面的四棱柱切去一个小四棱柱后所得的组合体，如图 5.15(b)所示。

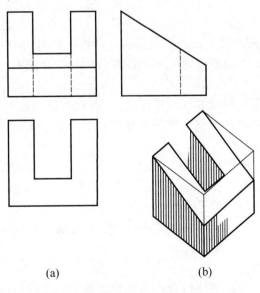

图 5.15 两种分析法的综合使用

(a) 投影图；(b) 轴测图

5.3.2 识读步骤

【参考视频】

1. 投影抓特征

浏览已知投影图,注意找出特征投影,如图 5.16 所示,已知投影图有三个,V 面投影反映了物体的主要特征,H、W 面反映了基本体之间的位置关系。

2. 形体分析

抓住特征后,就要着手形体分析,首先注意组合体中各基本体的组成、位置及表面连接关系,如图 5.16 所示,各部件均为斜切一刀的四棱柱,以右面平齐,正前方叠加凹字形体。分析后利用"三等关系"对投影检查分析结果是否正确。

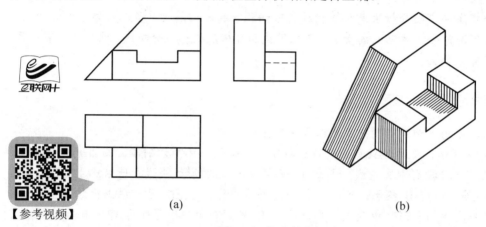

图 5.16　组合体的识读

(a) 投影图;(b) 轴测图

3. 整合想象整体

对于图 5.16 的投影图经过上述两步的分析,即可想象出图中物体的空间形状。

物体形状较为复杂且难以理解时,可与线面分析法综合使用。

4. 线面分析

用线面分析法对难理解的线和线框进行分析,并根据线和线框的意义进行判断和选择,然后想象出形体细部或整体的形状,如图 5.16 所示的分析过程就是一个例子。

1) 对线的意义的确定

对线的意义的确定,有时可以按下列顺序进行:首先把线的投影暂定为平面的积聚投影;然后核对投影,看是否符合平面的投影特性,如果不符合,则可能此线为棱线的投影,如果核对投影也不符合棱线的投影特性,则可定为转向线的投影。

综上所述,线的意义的确定顺序为,平面的积聚投影→棱线的投影→曲面体上转向线的投影。答案必有其一。

2) 对线框意义的确定

对线框意义的确定也可按顺序进行:首先把线框定为平面的投影;然后去对应其他投影,看是否符合平面的投影特性,如果不符合,则可能是曲面的投影,如果核对投影也不符合曲面的投影特性,则必为孔、洞、槽或凸出体的投影。

第5章 组合体的投影图

 **特别提示**

图形在图样上的布局要合理、适当，即图形比例选择恰当；线型、线宽正确且符合制图标准的要求，连接光滑，尺寸布置清晰，尺寸标注正确(符合相关国家标准的规定)，标注完整(不遗漏、不重复)。

小　结

本章主要介绍了组合体三面投影图的画法、组合体的尺寸标注、组合体三面投影图的识读方法等。

通过本章的学习：

(1) 了解组合体是由基本形体组合而成的类似于工程形体的形体。

(2) 掌握绘制组合体投影图时组合体的组合方式、表面连接关系及位置关系，并能在进行形体分析后对组合体进行特征投影的选择，使组合体以最少的投影图反映其尽可能多的内容。

(3) 掌握组合体尺寸是由定形尺寸、定位尺寸和总体尺寸三部分组成的。

(4) 掌握组合体定位尺寸定位基准线的确定。

(5) 了解标注组合体尺寸时要做到大尺寸在外、小尺寸在内，小尺寸之和应等于大尺寸。相关尺寸应标注在两个投影图之间，并尽量标注在特征投影上。尺寸标注做到不重复、不遗漏。

(6) 组合体投影图的识读是学习中的难点，注意识读投影图的一般方法和步骤，注意形体分析法和线面分析法在识读中的应用。

(7) 识读组合体投影图时，能够根据组合体的两个视图补画出第三个投影。

【在线答题】

第6章 建筑图样画法

教学目标

本章主要介绍建筑形体的图样画法，如剖面图、断面图的画法，简化画法等。通过本章的学习，要求掌握建筑形体常用的各种表达方法，为识读建筑工程施工图做好准备。

教学要求

能 力 目 标	知 识 要 点	权重
(1) 了解图名和投影方向的关系，根据图名辨明投影方向 (2) 了解镜像投影图	六面视图及镜像投影：投影方向及其图样名称，图样布置和图名标注，镜像投影法	15%
(1) 理解剖面图的概念 (2) 能正确标出剖切符号，并能按剖切位置准确画出剖面图 (3) 掌握各类剖切的使用条件、图示特点及标注方法	剖面图的形成；剖切位置的确定；投影方向和编号；剖面图中的图线和线型；剖面图中的剖视图例：全剖面图，半剖面图，阶梯剖面图，分层剖面图和局部剖面图	40%
(1) 理解断面图的概念 (2) 弄清剖面图和断面图的区别，能正确标出剖切符号，并能按剖切位置准确画出断面图 (3) 掌握各类断面图图示特点及标注方法	断面图的概念；断面图的画法	30%
(1) 了解建筑图样中的各种简化画法 (2) 学会在制图中使用简化画法，提高绘图效率	对称图形的画法；简化画法	15%

第 6 章 建筑图样画法

引例

在建筑工程图中，大多数建筑物都具有比较复杂的内、外形状和构造，仅用三视图有时难以将复杂建筑形体的外部形状和内部结构完整、清晰地表达出来。为了便于绘图和读图，需增加一些投影图，如图 6.1 所示为一个建筑的多面投影图，通过这五个投影图可以初步了解该建筑物的外貌。

国家标准《建筑制图标准》(GB/T 50104—2010)和《房屋建筑制图统一标准》(GB/T 50001—2010)规定了一系列的图样表示方法，以供人们绘图时根据具体情况选用。本章将介绍多面投影图、剖面图、断面图的画法和国家规定的一些简化画法，以及如何应用这些方法表示各种建筑物。

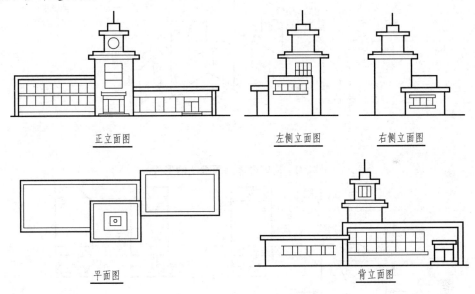

图 6.1 建筑物的多面投影图

6.1 视 图

6.1.1 多面正投影图

用正投影原理绘制三面投影图，是表达建筑形体的基本方法。建筑工程制图中，通常把建筑形体或组合体的三面投影图称为三面视图，简称三视图。

在生产实践中，仅用三视图有时难以将复杂形体的外部形状和内部结构完整、清晰地表示出来。为了便于读图,还可以在原来三个投影的基础上再增加从下向上、从后向前、从右向左的正投影,这样就可得到建筑形体的六个投影图,称为六面视图或基本视图。图 6.2 表示了建筑形体六面视图的产生过程和展开过程。这六个视图的布局按主次关系排列,如图 6.3 所示,H、V、W 三个投影的相对位置关系不能改变,其他视图则按一定的投影关系配置在适当的位置上,其中,平面图与底面图相邻排列,左、右侧立图相邻排列,背立面图放在右下角处。为便于读图,每个图样均应在下方标注图名。

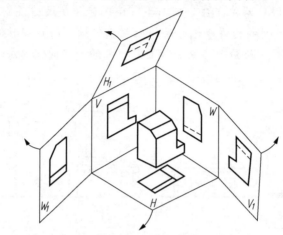

图 6.2 建筑形体六面视图的形成

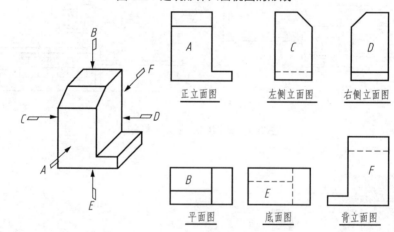

图 6.3 视图的布置

特别提示

六个基本视图仍然遵循"长对正、高平齐、宽相等"的投影规律。作图与读图时要特别注意它们的尺寸关系。在使用时,根据建筑形体的复杂程度,以三视图为主,合理地确定视图数量。

在建筑图中,图名应注写在视图的下方,并用粗实线画出图名线。但由于房屋建筑图形较大,一般不能将所有视图排列在一张图纸上,需要分开绘制,因此在房屋工程图中均需注写出各视图的名称。

6.1.2 镜像投影图

当用从上向下的正投影法所绘图样的虚线过多、尺寸标注不清楚而很难读懂图时，可以采用镜像投影的方法投影，如图 6.4 所示，但应在原有图名后注写"镜像"二字。

绘图时，把镜面放在形体下方，代替水平投影面，形体在镜面中反射得到的图像，称为"平面图(镜像)"。

在建筑装饰施工图中，常用镜像视图来表示室内顶棚的装修、灯具或古建筑中殿堂室内房顶上藻井(图案花纹)等构造。

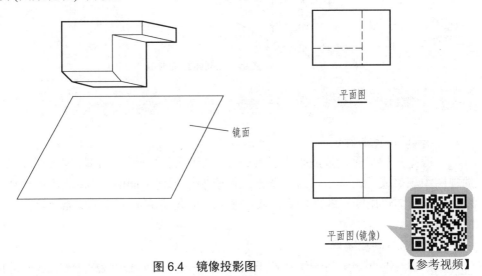

图 6.4 镜像投影图

【参考视频】

6.2 剖 面 图

运用基本视图和特殊视图，可以把物体的外部形状和大小表达清楚，至于物体内部的不可见部分，在视图中则用虚线表示。如果物体内部的形状比较复杂，在视图中就会出现较多的虚线，甚至虚、实线相互重叠或交叉，致使视图不明确，较难读认，也不便于标注尺寸。为此，在建筑工程制图中采用剖面图和断面图来解决这一问题。

6.2.1 剖面图的形成

为了能在图中清晰地表示出形体内部的形状和构造，假想用一个垂直于投射方向的平面(称为剖切面)，在形体的适当位置将形体剖开，并把处于观察者与剖切面之间的部分移去，然后画出剖开之后留下的形体的正投影图，称为剖面图。也就是说，剖面图是形体剖切后留下的可见部分的正投影图，如图6.5所示。

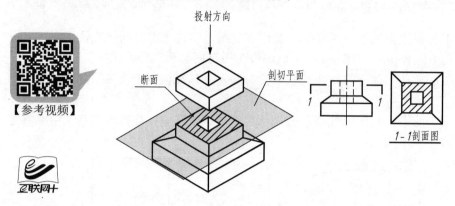

图6.5 剖面图的形成

6.2.2 剖面图的画法

1. 剖切位置的确定

一般把剖切平面设置成垂直于某个基本投影面的位置，则剖切平面在该基本投影面上的视图中积聚成一条直线，这一条直线就表明了剖切平面的位置，称为剖切位置线，简称剖切线。剖切线用断开的两段短粗实线表示，长度宜为6～10mm，剖切线不应穿越视图中的图线。

2. 投影方向和编号

在剖切线的两端用另一组垂直于剖切线的短粗实线表示投射方向，它就是投射方向线，一般长度为4～6mm，并在该短线方向用数字注写剖切符号的编号，如1—1、2—2 等，如图6.6 所示。

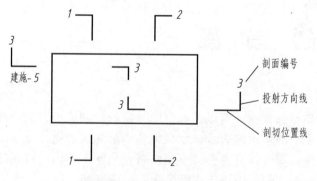

图6.6 剖切符号和编号

当剖切面在图上需要转折时，其转折处应画出局部折线，以表示转折剖切，如图6.6中的3—3。

3. 剖面图中的图线和线型

在剖面图中，剖切平面与形体接触部分的轮廓线用粗实线表示。剖切平面后面的可见轮廓线在房屋建筑图中用中实线表示。形体被剖切后，剖面图上仍可能有不可见的虚线存在，为了使图形清晰，对于已经表示清楚的部分，虚线可以省略不画，但当画少量的虚线可以减少投影图，而又不影响剖面图的清晰度时，也可以画出虚线。

4．剖面图中的剖视图例

剖面图中被剖切到的部分(断面)，按规定应画出组成材料的剖面图例，以区分剖切到的和没有剖切到的部分及形体的材料情况。各种材料图例的画法必须遵照国家标准的规定绘制。如果图上没有注明形体是何种材料，断面轮廓线范围内用等间距的 45°倾斜细实线表示。常用建筑材料图例见表 6-1。

表 6-1　常用建筑材料图例

序号	名　　称	图　例	备　　注
1	自然土壤		包括各种自然土壤
2	夯实土壤	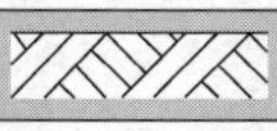	
3	砂、灰土	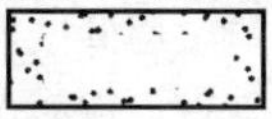	
4	砂砾石、碎砖三合土	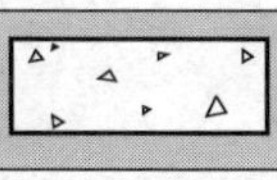	
5	石材	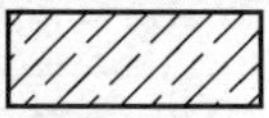	
6	毛石	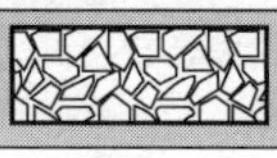	
7	普通砖	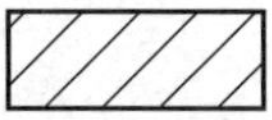	包括实心砖、多孔砖、砌块等砌体。断面较窄不易绘出图例线时，可涂红，并在图纸备注中加注说明，画出该材料图例
8	耐火砖	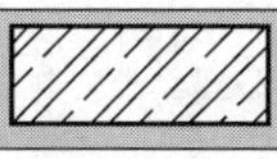	包括耐酸砖等砌体
9	空心砖	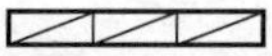	指非承重砖砌体
10	饰面砖		包括铺地砖、马赛克、陶瓷锦砖、人造大理石等
11	焦渣、矿渣	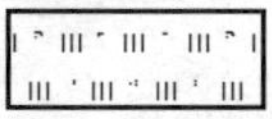	包括与水泥、石灰等混合而成的材料
12	混凝土	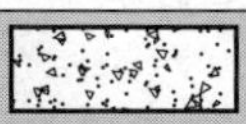	(1) 本图例指能承重的混凝土 (2) 包括各种强度等级、骨料、添加剂的混凝土
13	钢筋混凝土	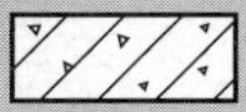	(3) 在剖面图上画出钢筋时，不画图例线 (4) 断面图形小，不易画出图例线时，可涂黑
14	多孔材料		包括水泥珍珠岩、沥青珍珠岩、泡沫混凝土、非承重加气混凝土、软木、蛭石制品等
15	纤维材料	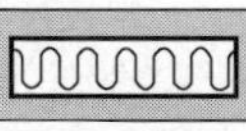	包括矿棉、岩棉、玻璃棉、麻丝、木丝板、纤维板等
16	泡沫塑料材料	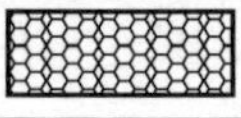	包括聚苯乙烯、聚乙烯、聚氨酯等多孔聚合物类材料

续表

序号	名称	图例	备注
17	木材		(1) 上图为横断面，左上图为垫木、木砖或木龙骨 (2) 下图为纵断面
18	胶合板	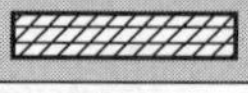	应注明为 X 层胶合板
19	石膏板	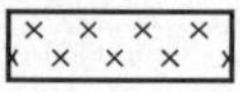	包括圆孔、方孔石膏板、防水石膏板、硅钙板、防火板等
20	金属		(1) 包括各种金属 (2) 图形小时，可涂黑
21	网状材料		(1) 包括金属、塑料网状材料 (2) 应注明具体材料名称
22	液体	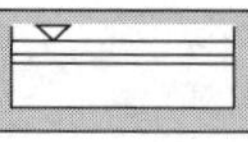	应注明具体液体名称
23	玻璃		包括平板玻璃、磨砂玻璃、夹丝玻璃、钢化玻璃、中空玻璃、夹层玻璃、镀膜玻璃等
24	橡胶	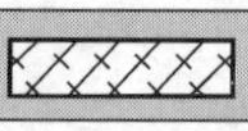	
25	塑料		包括各种软、硬塑料及有机玻璃等
26	防水材料	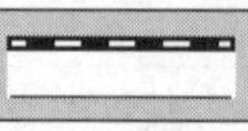	构造层次多或比例大时，采用上面图例
27	粉刷		本图例采用较稀的点

5. 剖面图的图名注写

剖面图的图名是以剖面编号来命名的，如 1—1 剖面图、4—4 剖面图等，它应注写在剖面图的下方，并在图名下方画上与之等长的粗实线，如图 6.5 所示。

特别提示

剖切过程是假想的，形体并没有真的被切开和移去一部分。因此，除了剖面图外，其他视图仍应按原先未剖切时完整地画出。

一个物体无论被剖切几次，每次剖切均按完整的物体进行。

6.2.3 剖面图的种类

作剖面图时，剖切平面的设置、剖切平面的数量和剖切的方法等，应根据形体的内部结构和外部形状来选择。下面介绍几种常用的剖面图。

1. 全剖面图

用一个剖切平面将形体全部剖开后作出的剖面图称为全剖面图。全剖面图一般用于不对称或者虽对称但外形简单、内部比较复杂的形体，如图 6.7 所示。

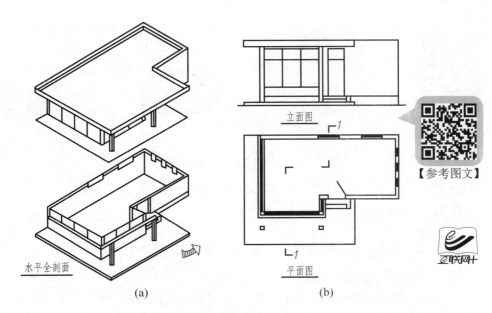

图 6.7　全剖面图

2．半剖面图

当形体具有对称平面时，在垂直于对称平面的投影面上的投影，以对称线为分界，一半画剖面，另一半画视图，这种组合的图形称为半剖面图。

当对称线是铅垂线时，剖面图一般画在对称线的右方，如图 6.8 所示；当对称线是水平线时，剖面图一般画在对称线的下方。半剖面图一般不画剖切符号。

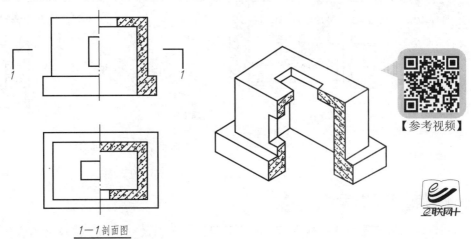

图 6.8　半剖面

3．阶梯剖面图

阶梯剖面图也称转折剖面图，是用两个或两个以上平行的剖切平面剖切形体所得到的剖面图，其剖切位置线的转折处应用两个端部垂直相交的粗实线画出。在转折处由于剖切所产生的形体的轮廓线在剖面图中不应该画出来，如图 6.9 所示。

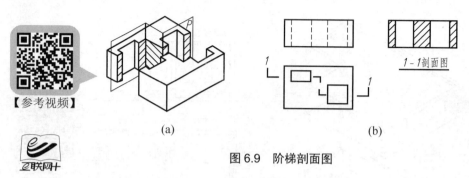

图 6.9 阶梯剖面图

(a) 直观图；(b) 剖面图

特别提示

阶梯形剖切平面的转折处应成直角，在剖面图上规定不画分界线。

4．分层剖面图和局部剖面图

当某些建筑构件的构造层次较多时，可用分层剖切的方法来表示其内部构造，用这种方法得到的剖面图称为分层剖面图，如可用分层剖面图表示墙面、地面、屋面等部位的构造层次如图 6.10(a)所示。当建筑构件只有局部构造比较复杂时，也可用局部剖切的方法来表示内部构造，用这种方法得到的剖面图称为局部剖面图，如可用局部剖面图表达柱下独立基础底板内的配筋情况，如图 6.10(b)所示。

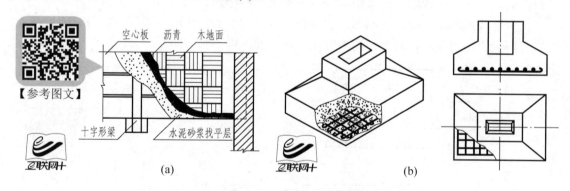

图 6.10 分层剖面图和局部剖面图

(a) 直观图；(b) 投影图

特别提示

局部剖切范围用波浪线表示，是外形视图和剖面的分界线。波浪线不能与轮廓线重合，也不应超出视图的轮廓线，波浪线在视图孔洞处要断开。

局部剖面图只是整个外形投影图中的一部分，一般不标注剖切位置线。

6.2.4 剖面图的画法

1．确定剖切平面的位置

(1) 所取的剖切平面应是投影面平行面。

(2) 剖切平面应尽量通过形体的孔、槽等结构的轴线或对称面。

2．画剖面、剖切符号并进行标注

在投影图上的相应位置画上剖切符号并进行编号。

3．画断面、剖开后剩余部分的轮廓线

投影图内部的实线在剖面图中消失，而虚线在剖面图中则变成实线。这就是依据投影图，作相应剖面图的方法。

4．填绘建筑材料图例

5．标注剖面图名称

在相应剖面图的下方写上剖切符号的编号，作为剖面图的图名。

 应用案例 6-1

根据图 6.11(a)所示台阶的三视图，绘制其剖面图。

作图步骤如下。

(1) 根据分析确定剖切平面 P 的位置，如图 6.11(b)所示。

(2) 在台阶正立面图上进行剖切符号的标注，并根据投影规律，作出右半部台阶的侧面投影。

(3) 填绘断面材料图例。

(4) 注写图名，如图 6.11(c)所示。

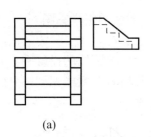
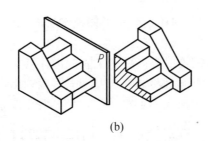
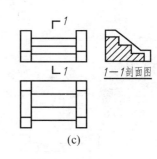

(a)　　　　　　　　　　　　(b)　　　　　　　　　　　　(c)

图 6.11　台阶剖面图的绘制

 应用案例 6-2

根据图 6.12(a)所示的水槽投影图，作出水槽的 1—1、2—2 剖面图。

分析：图 6.12(a)是水槽的三面投影图，其三个投影均出现了许多虚线，使图样不清晰。假设用一个通过水槽排水孔轴线，且平行于 V 面的剖切面 1—1 将水槽剖开，移走前半部分，将其余的部分向 V 面投射，然后在水槽的断面内画上通用材料图例，即得水槽的正剖面图（1—1 剖面图）。同理，可用一个通过水槽排水孔的轴线，且平行于 W 面的剖切面 2—2 剖开水槽，移去 2—2 面的左面部分，然后将剩余形体向 W 面投射，得到另一个方向的剖面图（2—2 剖面图）。图 6.12(b)所示为水槽的剖面图。

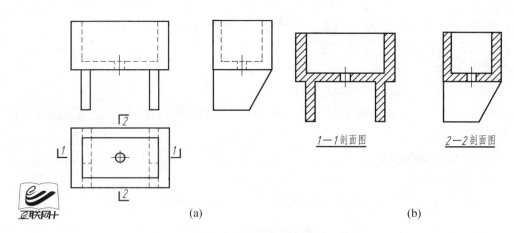

图 6.12 水槽的投影图与剖面图

(a) 水槽的三面投影图;(b) 水槽的剖面图

6.3 断 面 图

断面图又称截面图,它是形体被剖切后仅画出断面的正投影图。

断面图与剖面图的区别:断面图只画出剖切平面与形体接触的断面图形,至于剖切后按投射方向可能见到的形体其他部分的轮廓线的投影则不必画出。而剖面图除画出断面的投影外,还应画出在投射方向所能见到部分的投影,如图 6.13 所示。显然,断面图包含在剖面图之中。

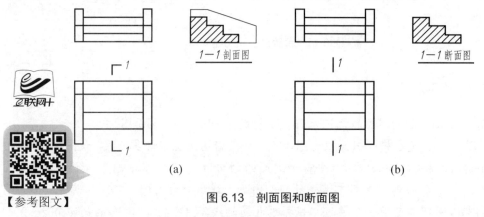

图 6.13 剖面图和断面图

(a) 剖面图;(b) 断面图

1. 断面的表示方法

断面图的剖切位置线用一组不穿越图形的粗实线表示,长度一般为 6~10mm。断面图的剖视方向是通过阿拉伯数字的断面编号的注写位置来表示的,数字应写在剖视方向一侧。如当向左剖视时,则断面编号应注写在剖切位置线的左侧;当向下剖视时,则断面编号应注写在剖切位置线的下方,如图6.14所示。

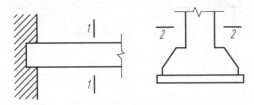

图6.14 断面剖切符号

断面图的图线及线型、图名注写和材料剖面图例等,均与剖面图相同。

2. 断面图的表示形式

断面图主要用于表达形体断面的形状,在实际应用中,根据断面图所配置位置的不同,断面图主要有下列几种表示形式。

1) 移出断面图

将形体某一部分剖切后所形成的断面图,画在原投影图以外的一侧称为移出断面图,如图6.15所示。移出断面图的轮廓线用粗实线画出,应画在剖切位置线的延长线上,并与形体的投影图靠近,以便识读。断面图也可用适当的比例放大画出,以利于标注尺寸和清晰地显示其内部构造。在移出断面图下方应注写与剖切符号相应的编号,如1—1、2—2,但不必写"断面图"字样。

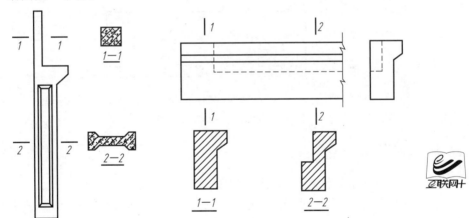

图6.15 移出断面图

2) 重合断面图

将断面图直接画在投影图中,两者重合在一起的称为重合断面图。投影图的轮廓线应完整地画出,不可间断,如图6.16所示。重合断面图的比例应与原投影图一致。

重合断面图画在视图轮廓内。重合断面的轮廓线应画粗实线。断面图轮廓线与视图中其他图线重合时,其他图线仍应照原样画出而不得间断。如视图中角钢轮廓线(粗实线)在重合断面图处应照原样连续画出而不能间断。

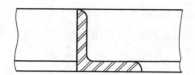
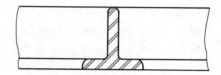

图 6.16　重合断面图

3) 中断断面图

对于单一长向构件，可将断面图画在构件投影图的中断处，这种断面图称为中断断面图。中断断面图的轮廓线用粗实线绘制，投影图的中断处用折断线或波浪线画出。中断断面图不必画剖切符号，如图 6.17 所示。

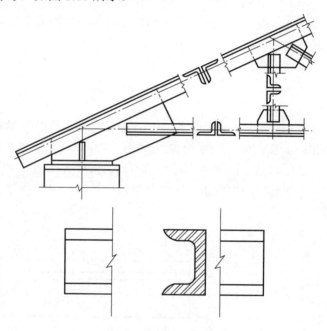

图 6.17　中断断面图

 应用案例 6-3

作出如图 6.18(a)所示钢筋混凝土梁的 1—1、2—2、3—3 断面图。

解：根据钢筋混凝土梁的投影图，想象出它的立体图，如图 6.18(b)所示，画出如图 6.18(c)所示的断面图。

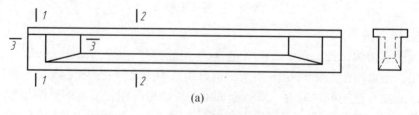

(a)

图 6.18　钢筋混凝土梁(一)

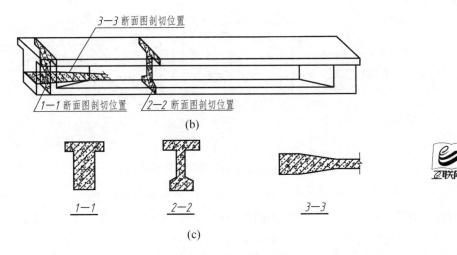

图 6.18 钢筋混凝土梁(二)

(a) 钢筋混凝土梁两面投影图；(b) 钢筋混凝土梁立体图；(c) 断面图

6.4 简化画法

6.4.1 对称图形

(1) 对称符号是用细实线绘制的两条平行线，其长度为 4～6mm，平行线间距为 2～3mm，平行线在对称线两侧的长度应相等，如图 6.19(a)所示。

(2) 对称图形可以只画出其图形的一半，但需要画出对称符号，如图 6.19(b)所示。也可以使图形稍超出对称线，而不画出对称符号，如图 6.19(d)所示。

(3) 对称物体的图形若有一条对称线时，可只画该图形的一半；若有两条对称线时，可只画图形的 1/4，但均应画出对称符号，如图 6.19(b)所示。

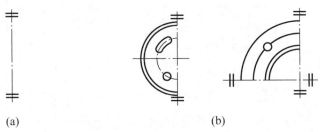

图 6.19 对称图形的简化画法(一)

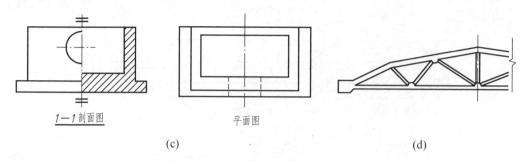

图 6.19 对称图形的简化画法(二)

(a) 对称符号；(b) 省略对称部分；(c) 画对称图形外形图；(d) 对称图形超出对称线不画对称符号

(4) 对称图形的外形图、剖(断)面图均对称时，可以对称线为界，一侧画剖图，另一侧画外形图，并画出对称符号，如图 6.19(c)所示。

(5) 当对称图形所画部分稍超出图形对称线时，规定不画对称符号，如图 6.19(d)所示。

6.4.2 简化画法概述

1．省略相同的部分

(1) 如果物体上具有多个形状相同而连接排列的结构要素，则可仅在两端或适当位置画出少数几个要素的形状，其余部分只画中心线，然后注明共有多少个这样的要素，如图 6.20(a)、(b)、(c)所示。

(2) 如果物体上具有多个形状相同而不连续排列的结构要素，则可只在适当位置画出少数几个要素的形状，其余部分应在要素中心线交点处用小黑点表示，并注明有多少个这样的要素，如图 6.20(d)所示。

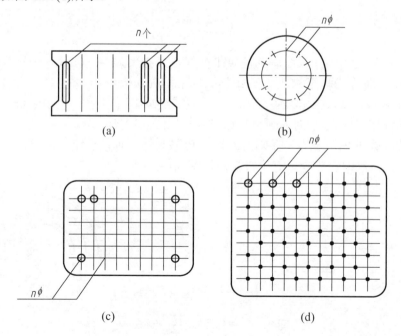

图 6.20 省略相同的部分的简化画法

2．省略折断部分

当物体较长，而沿长度方向的形状相同或按一定规律变化时，可采用折断的画法，将折断部分省略绘制。断开处应用一条折断线表示，如图 6.21 所示。折断线两端应超出轮廓线 2~3mm，其尺寸应按折断前长度标注。

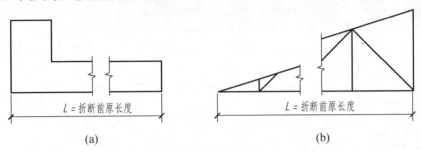

图 6.21 省略折断部分画法的简化画法

3．局部省略

当一个物体与另一个物体仅有部分不同时，该物体可只画不同部分，但应在两个物体的相同与不同部分的分界处，分别绘制连接符号。连接符号用折断线和字母表示，两个连接的图样字母编号应相同，两个连接符号应对准在同一条线上。如图 6.22 所示，Ⅰ，Ⅱ两物体的大部分相同，仅右端不同，在画Ⅱ物体图样时，可将与Ⅰ物体左端相同部分省去不画，只画右端不同部分，并画出连接符号。

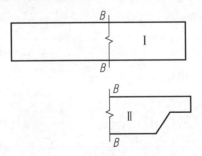

图 6.22 局部省略的简化画法

本章主要介绍了多面投影图、剖面图、断面图的图样画法和国家规定的一些简化画法。通过本章的学习，要求掌握：
(1) 多面正投影图的形成、分类和画法。
(2) 剖面图的形成、分类和画法。
(3) 断面图的形成、分类和画法。

第7章 建筑施工图

教学目标

了解建筑施工图的意义、分类和编排顺序;了解房屋的组成,熟悉建筑施工图的图示规定、内容和用途;了解建筑平面图的用途和种类,掌握识图要点;了解剖面图、立面图的内容和要求,掌握识图要点;了解建筑详图的用途和主要内容,掌握识图要点;掌握建筑平面图、立面图、剖面图的相互关系和绘制建筑施工图的主要步骤。

教学要求

能力目标	知识要点	相关知识	权重
(1) 了解建筑施工图的意义、分类和编排顺序 (2) 了解房屋的组成,熟悉国家标准对建筑施工图的有关规定	建筑施工图概述	房屋的类型和组成;施工图的产生;施工图的分类;施工图的编排顺序;建筑施工图的图示规定;建筑施工图的内容及用途	10%
(1) 了解图纸目录的内容和用途,了解建筑总平面图的形成与作用 (2) 初步掌握绘制和阅读总平面图的方法和步骤	建筑总平面图	图纸目录;总平面图的形成和作用;总平面图的图示方法与内容;总平面图的阅读;施工总说明	10%
(1) 了解建筑平面图的用途和种类,熟悉建筑平面图的基本内容,有关图线、绘图比例的规定 (2) 初步掌握绘制和阅读建筑平面图的方法和步骤	建筑平面图	建筑平面图的形成和作用;建筑平面图的内容和图示方法;建筑平面图的阅读	30%
(1) 了解建筑立面图的内容和要求 (2) 初步掌握绘制和阅读建筑立面图的方法和步骤	建筑立面图	建筑立面图的形成和作用;建筑立面图的内容和图示方法;建筑立面图的阅读	20%

第7章 建筑施工图

续表

能 力 目 标	知识要点	相 关 知 识	权重
(1) 了解建筑剖面图的内容和要求 (2) 初步掌握绘制和阅读建筑剖面图的方法和步骤	建筑剖面图	建筑剖面图的形成和作用；建筑剖面图的内容和图示方法；建筑剖面图的阅读	15%
(1) 了解建筑详图的内容和要求 (2) 初步掌握绘制和阅读建筑详图的方法和步骤	建筑详图	建筑详图的形成和作用；建筑详图的内容和图示方法；建筑详图的阅读	15%

引例

某教学综合楼，建筑结构形式为框架结构，地下一层，地上六层，总建筑面积为 $3010.6m^2$，建筑占地面积为 $425m^2$，建筑高度为 25.5m。建筑物耐久年限为 50 年，抗震设防烈度为 6 级，耐火等级为二级，防水等级为二级。

一幢建筑物从设计、施工、装修到完成都需要一套完整的房屋施工图作指导。

房屋也称建筑物，是供人们居住、生活以及从事各种生产活动的场所。将一幢拟建房屋的形状、大小、结构、构造、装修、设备等内容，按照建筑设计要求和国家标准，用正投影的方法详细准确绘制出来的图样，称为房屋建筑施工图，它是用来指导施工的一整套图纸。

房屋建筑施工图可分为建筑施工图(简称"建施")、结构施工图(简称"结施")、设备施工图(简称"设施")。

(1) 建筑施工图。主要用来表示房屋的规划位置、外部造型、内部布置、内外装修、细部构造、固定设施及施工要求等。它包括施工图首页、总平面图、平面图、立面图、剖面图和详图。

(2) 结构施工图。主要表示房屋承重结构的布置、构件类型、数量、大小及做法等。它包括结构布置图和构件详图。

(3) 设备施工图。主要表示各种设备、管道和线路的布置、走向以及安装施工要求等。设备施工图又分为给水排水施工图(简称"水施")、供暖施工图(简称"暖施")、通风与空调施工图(简称"通施")、电气施工图(简称"电施")等。设备施工图一般包括平面布置图、系统图和详图。

房屋建筑施工图是指导施工的图纸，是建造房屋的依据。工程技术人员必须看懂整套施工图，按图施工，这样才能体现出房屋的功能用途、外形规模及质量安全。因此，掌握识读和绘制房屋建筑施工图的方法是从事建筑专业的工程技术人员的基本技能。

本书制图部分主要讲解建筑施工图和结构施工图，其中有某工程整套的建筑施工图纸，供大家阅读和绘制时参考使用。设备施工图将在建筑设备工程课程中学习。

7.1 建筑施工图概述

7.1.1 房屋的类型和组成

1. 房屋的类型

建筑物按其使用性质，通常可分为民用建筑、工业建筑和农业建筑。民用建筑根据建筑物的使用功能又分为居住建筑和公共建筑。居住建筑是指供人们生活起居用的建筑物，可分为住宅和集体宿舍两类。住宅习惯上又可不很严格地分为普通住宅、高档公寓和别墅。集体宿舍主要有单身职工宿舍和学生宿舍。公共建筑是指供人们进行各项社会活动的建筑物，如办公楼、学校、商场、旅馆、影剧院、体育馆、展览馆、医院等。工业建筑是指工业厂房、仓库等。农业建筑是指种子库、拖拉机站、饲养牲畜用房等。

建筑物按建筑规模和数量可分为大型性建筑和大量性建筑。大型性建筑指建造数量较少、单幢建筑体量大的建筑，如大型体育馆、影剧院、航空站、火车站等。大量性建筑指建造数量多、相似性大的建筑，如住宅、宿舍、商店、医院、学校等。

2. 房屋的组成

各种不同的建筑物，尽管它们的使用要求、空间组合、外形处理、结构形式、构造方式及规模大小等方面有各自的特点，但其基本构造是相似的。如图 7.1 所示，一幢房屋通常是由基础、墙体和柱、楼地层、楼梯、屋顶、门窗等六大构件组成的。此外，一般建筑物还有一些其他的配件和设施，如台阶、阳台、雨篷、散水、勒脚、通风道、雨水管等。

(1) 基础。基础是建筑物最下部的承重构件，承担建筑物的全部荷载，并把这些荷载传给地基。

(2) 墙体和柱梁。墙体按位置可分为外墙和内墙。墙体在具有承重要求时，它承担屋顶和楼板等传来的各种荷载，并把他们传给基础。外墙具有围护(挡风雨雪、保温防寒)功能，内墙起分隔空间的作用。墙体按方向可分为纵墙和横墙，两端的横墙通常称为山墙。

柱是将上部结构所承受的荷载传递给基础的承重构件。梁则是将支承在其上的结构所承受的荷载传递给墙或柱的承载构件。

(3) 楼地面。楼地面是楼面与地面的总称。它们是建筑中的水平承重构件，并将楼地面荷载传递给竖向承重构件；同时还起竖向分割空间和支撑墙体的作用。

(4) 屋顶。屋顶是建筑顶部的承重和围护构件，由屋面板及板上的保温层、防水层、面层等组成。

(5) 楼梯。楼梯是楼房建筑中联系上下各层的垂直交通设施，应满足人们正常时垂直交通、紧急时安全疏散的要求。一些建筑中还有电梯、自动扶梯等垂直交通设施。

(6) 门和窗。内外墙上的窗起着采光、通风和围护作用,为了保温,外墙上的窗应做成双层窗。门是供人们内外交通及搬运家具设备之用,同时还具有分隔房间、围护的作用,也可以进行采光和通风。

屋顶上做的坡面、雨水管及外墙根部的散水等,组成排水系统。内外墙面做有踢脚、墙裙和勒脚。此外还有雨篷、阳台、烟道及通风道等。

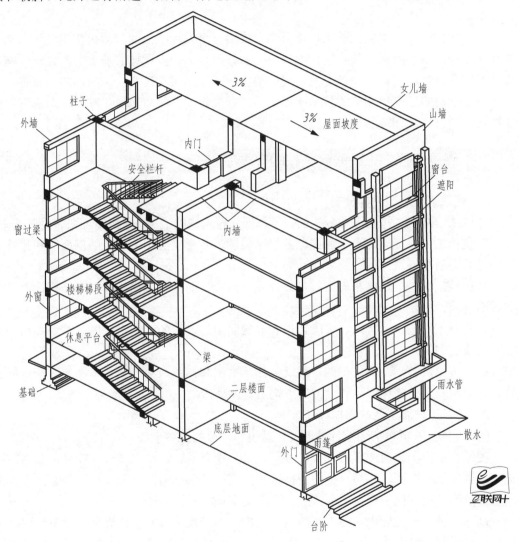

图 7.1 房屋的组成

7.1.2 施工图的产生

房屋的建造一般需经过设计和施工两个过程,而设计工作一般又分为两个阶段,即初步设计阶段和施工图设计阶段。

初步设计阶段的主要任务是根据建设单位提出的设计任务和要求,进行调查研究、搜集资料和提出设计方案。其主要内容包括简略的总平面布置图及房屋的平、立、剖面图;

设计方案的技术经济指标；设计概算和设计说明等。

施工图设计阶段的主要任务是满足工程施工各项具体技术要求，提供一切准确可靠的施工依据。其内容包括指导工程施工的所有专业施工图、详图、说明书、计算书及整个工程的施工预算书等。整套施工图纸是设计人员的最终成果，是施工单位进行施工的依据。所以施工图设计的图纸必须详细完整、前后统一、尺寸齐全、正确无误，符合国家建筑制图标准。

对于大型的、技术复杂的工程项目也有采用三个设计阶段的，即在初步设计基础上，增加一个技术设计阶段。技术设计阶段的主要任务是在初步设计的基础上，进一步确定各专业间的具体技术问题，使各专业之间取得统一，达到相互配合协调的目的。在技术设计阶段各专业均需绘制出相应的技术图纸，写出有关设计说明和初步计算等，为第三阶段施工图设计提供比较详细的资料。

7.1.3 建筑工程施工图的分类和编排顺序

1．建筑工程施工图的分类

建筑工程施工图按照专业分工的不同，可分为建筑施工图、结构施工图和设备施工图。

建筑施工图包括建筑总平面图、各层平面图、各个立面图、必要的剖面图和建筑施工详图及其说明书等。

结构施工图包括基础平面图、基础详图、结构平面图、楼梯结构图和结构构件详图及其说明书等。

设备施工图包括给排水、采暖通风和电气照明等设备的平面布置图、系统图和施工详图及其说明书等。

由此可见，各工种的施工图一般又包括基本图和详图两部分。基本图表示全局性的内容，详图则表示某些构配件和局部节点构造等详细情况。

2．建筑工程施工图的编排顺序

(1) 首页。首页包括图纸目录、设计总说明和材料设备表等。

图纸目录说明该套图纸有几类，各类图纸分别有几张，每张图纸的符号、图名、图幅大小；若采用标准图，应写出所使用标准图的名称、所在的标准图集和图号或页数。编制图纸目录的目的是便于查找图纸。

设计总说明一般应包括施工图的设计依据、本工程项目的设计规模和建筑面积、本项目的相对标高与总图绝对标高的对应关系；室内室外的用料说明，如砖标号、砂浆标号；墙身防潮层、地下室防水、屋面、勒脚、散水、台阶、室内外装修等做法。

(2) 建筑施工图。

(3) 结构施工图。

(4) 给水排水施工图。

(5) 采暖通风施工图。

(6) 电气施工图。

如果是以某专业工种为主体的工程，则应该突出该专业的施工图而另外编排。

各专业施工图的编排顺序遵循以下原则:基本图在前,详图在后;总体图在前,局部图在后;主要部分在前,次要部分在后;布置图在前,构件图在后;先施工的图在前,后施工的图在后等。

特别提示

一套完整的房屋施工图,其内容和数量很多。而且工程的规模和复杂程度不同,工程的标准化程度不同,都可导致图样数量和内容的差异。为了能准确地表达建筑物的形状,设计时图样的数量和内容应完整、详尽、充分,一般在能够清楚表达工程对象的前提下,一套图样的数量及内容越少越好。

应用案例 7-1

表 7-1 为某教学综合楼的图纸目录。

表 7-1 某教学综合楼的图纸目录

序号	图 号	图 名	规格	备 注
1	建施-00	图纸目录	A4	
2	建施总-01	总平面图	A0	
3	建施-01	建筑设计总说明、工程做法、门窗表、门窗详图	A1	
4	建施-02	地下一层平面图	A2	
5	建施-03	首层平面图	A2	
6	建施-04	二~五层平面图	A2	
7	建施-05	六层平面图	A2	
8	建施-06	屋顶层平面图	A2	
9	建施-07	①~⑬立面图	A2	
10	建施-08	⑬~①立面图	A2	
11	建施-09	Ⓐ~Ⓓ立面图 Ⓓ~Ⓐ立面图	A2	
12	建施-10	1—1、2—2剖面图	A2	
13	建施-11	1#楼梯详图	A2	
14	建施-12	2#楼梯详图	A2	
15	建施-13	墙身大样图	A2	
说明	1. 本目录(大工程)由各工程或单位工程(小工程)在设计结束时填写,以图号为次序。每格填一张。 2. 如利用标准图,可在备注栏内注明。 3. 末端"设计总负责"等姓名不必着本人签字,可由填写目录者填写。			

7.1.4 建筑施工图的图示特点和内容

1. 建筑施工图的图示特点

(1) 房屋施工图一般按三面正投影图的形成原理绘制。

(2) 建筑施工图一般采用缩小的比例绘制，同一张图纸上的图形最好采用相同的比例。

(3) 房屋施工图图例、符号应严格按照下列国家标准绘制：《房屋建筑制图统一标准》(GB/T 50001—2010)、《总图制图标准》(GB/T 50105—2010)和《建筑制图标准》(GB/T 50104—2010)。

(4) 标准图和标准图集。为了加快设计和施工进度，提高设计与施工质量，把房屋工程中常用的、大量性的构配件按统一的模数、不同规格设计出系列施工图，供设计部门、施工企业选用。这样的图称为标准图，装订成册后就称为标准图集。

标准图集的分类方法有两种：一是按照使用范围分类，二是按照工种分类。

● 按照使用范围分类

① 第一类是国家标准图集，经国家建设委员会批准，可以在全国范围内使用。

② 第二类是地方标准图集，经各省、市、自治区有关部门批准，可以在相应地区范围内使用。

③ 第三类是设计单位编制的标准图集，仅供本单位设计使用，此类标准图集用得很少。

● 按照工种分类

① 建筑构件标准图集，一般用"G"或"结"表示。

② 建筑配件标准图集，一般用"J"或"建"表示。

(5) 图例。建筑施工图中会有大量的图例。由于房屋的构、配件和材料种类较多，为使作图简便，"国标"规定了一系列的图形符号来代表建筑构配件、卫生设备、建筑材料等，这种图形符号称为图例。

2. 建筑施工图的内容及用途

建筑施工图主要表达建筑物的总体布局、外部造型、内部布置、内外装修、细部构造、尺寸、结构构造、材料做法、设备和施工要求等。其基本图纸包括：施工总说明、门窗表、总平面图、建筑平面图、建筑立面图、建筑剖面图和建筑详图等。

建筑施工图是房屋施工时定位放线，砌筑墙身、制作楼梯、安装门窗、固定设施以及室内外装饰的主要依据，也是编制工程预算和施工组织计划等的主要依据。

7.1.5 绘制建筑施工图的有关规定

1. 图线

施工图中的不同内容采用不同规格的图线绘制，应选取规定的线型和线宽，用以表明内容的主次和增加图面效果。建筑制图标准中对图线的使用都有明确的规定，绘图时，首先按所绘图样选用的比例选定粗实线的宽度"b"，然后再规定其他线型的宽度，总的原则是剖切面的截交线和房屋立面图中的外轮廓线用粗实线，次要的轮廓线用中实线，其他的一律用细实线。可见的用实线，不可见的用虚线。

建筑施工图中所用图线应符合表 7-2 的规定。

表 7-2　图　线

名　称		线　型	线　宽	一般用途
实线	粗		b	主要可见轮廓线
	中粗		$0.7b$	可见轮廓线
	中		$0.5b$	可见轮廓线、尺寸线、变更云线
	细		$0.25b$	图例填充线、家具线
虚线	粗		b	见各有关专业制图标准
	中粗		$0.7b$	不可见轮廓线
	中		$0.5b$	不可见轮廓线、图例线
	细		$0.25b$	图例填充线、家具线
单点长划线	粗		b	见各有关专业制图标准
	中		$0.5b$	见各有关专业制图标准
	细		$0.25b$	中心线、对称线、轴线等
双点长划线	粗		b	见各有关专业制图标准
	中		$0.5b$	见各有关专业制图标准
	细		$0.25b$	假想轮廓线、成型前原始轮廓线
拆断线	细		$0.25b$	断开界线
波浪线	细		$0.25b$	断开界线

2．比例

房屋建筑体形庞大，通常需要缩小后才能画在图纸上。建筑施工图中，建筑物或构筑物的平、立、剖面图常用比例为 1∶100、1∶150、1∶200 等。建筑物或构筑物的局部放大图常用比例为 1∶20、1∶50 等。

3．定位轴线

房屋中承受重量的墙或柱数量、类型都很多，为确保工程质量、准确施工定位，在建筑平面图中采用轴线网格划分平面，这些轴线叫定位轴线。它是确定房屋主要承重构件(墙、柱、梁)位置及标注尺寸的基线。定位轴线用细点划线表示，轴线编号用细线圆表示。直径一般为 8mm，详图为 10mm，圆内注写编号。在建筑平面图上横向定位轴线自左向右用阿拉伯数字(1、2…9)编写，纵向定位轴线自下而上用大写拉丁字母编写($A、B…Y$)编写。为了避免拉丁字母中 $I、O、Z$ 与数字 1、0、2 混淆，这三个字母不得用作轴线编号。如字母数量不够使用，可增用双字母或单字母加数字注脚，如 AA、$BB\cdots YY$ 或 $A1$、$B1\cdots Y1$。定位轴线的编号宜注写在图的下方和左侧。两条轴线之间如有附加轴线时，编号要用分数表示，如 $1/4$、$1/B$，其中分母表示前一轴线的编号，分子表示附加轴线的编号，如图 7.2 所示。

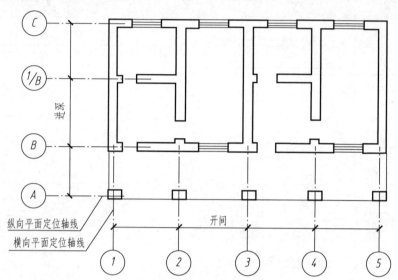

图 7.2　定位轴线及编号方法

 **特别提示**

在同一张图纸中一般采用三种线宽的组合，线宽比为 $b:0.5b:0.25b$。较简单的图样可采用两种线宽组合，线宽比为 $b:0.25b$。

4．尺寸与标高符号

1) 尺寸

建筑施工图上的尺寸可分为定形尺寸、定位尺寸和总体尺寸。定形尺寸表示各部位构造的大小，定位尺寸表示各部位构造之间的相互位置，总体尺寸应等于各分尺寸之和。尺寸除了总平面图及标高尺寸以米(m)为单位外，其余一律以毫米(mm)为单位，注写尺寸时，应注意使长、宽尺寸与相邻的定位轴线相联系。

2) 标高

标高是标注建筑物高度方向的一种尺寸形式，可分为绝对标高和相对标高，均以米(m)为单位。绝对标高是以青岛附近黄海平均海平面为零点测出的高度尺寸，它仅使用在建筑总平面图中。相对标高是以建筑物室内主要地面为零点测出的高度尺寸。

在总平面图、平面图、立面图和剖面图上，所用标高符号以细实线绘制的等腰直角三角形表示。标高数值一般标注小数点后三位数(总平面图中为两位数)。在建筑施工图中的标高数字表示其完成面的数值。如标高数字前有"－"号的，表示该处完成面低于零点标高，如数字前没有符号的，则表示高于零点标高。在总平面图中，室外地坪标高符号宜用涂黑的三角形表示，标高数值书写在标高符号横线上。各种标高符号的画法如图 7.3 所示。

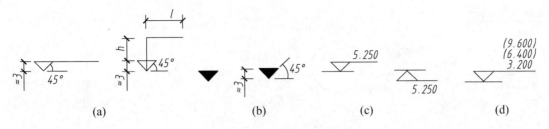

图 7.3 标高符号的画法

(a) 个体建筑标高符号；(b) 总平面图室外地坪标高符号；(c) 标高的指向；(d) 同一位置注写多个标高

5．索引符号

索引符号如图 7.4 所示，用一条引出线指出要画详图的地方，在线的另一端画一细实线圆，其直径为 10mm。当索引符号用于索引剖面详图时，应在被剖切的部位绘制剖切位置线。引出线所在一侧应为剖视方向。上半圆中用阿拉伯数字注明该详图的编号，下半圆中用阿拉伯数字注明该详图所在图纸的图纸号。如详图与被索引的图样同在一张图纸内，则在下半圆中间画一水平细实线。索引出的详图，如采用标准图，应在索引符号水平直径的延长线上加注该标准图册的编号，如图 7.4 中的"J103"即为标准图册的编号。

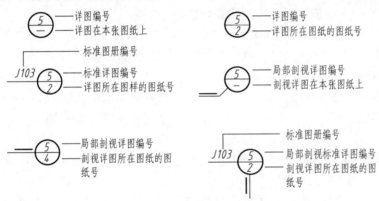

图 7.4 索引符号

6．详图符号

详图符号表示详图的位置和编号，它用一粗实线圆绘制，直径为 14mm。详图与被索引的图样同在一张图纸内时，应在符号内用阿拉伯数字注明详图编号。如不在同一张图纸内，可用细实线在符号内画一水平直径，在上半圆中注明详图编号，在下半圆中注明被索引图纸号，如图 7.5 所示。

特别提示

需要注意的是图中需要另画详图的部位应编上索引号，并把另画的详图编上详图号，两者之间必须对应一致，以方便查找。

7．指北针

指北针用来表示建筑物的朝向。指北针用细实线圆绘制，圆的直径为 24mm。指针尖为北向，指针尾部宽度宜为 3mm，需用较大直径指北针时，指针尾部宽度宜为直径的 1/8，如图 7.6 所示。

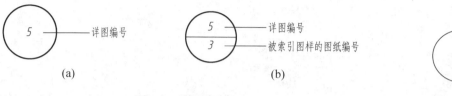

图 7.5　详图符号　　　　　　　　　　　图 7.6　指北针

7.1.6　识图应注意的问题

识读施工图时，必须掌握正确的识读方法和步骤。

在识读整套图纸时，应按照"总体了解—顺序识读—前后对照—重点细读"的读图方法。

(1) 总体了解。一般是先看目录、总平面图和施工总说明，以大致了解工程的概况，如工程设计单位、建设单位、新建房屋的位置、周围环境、施工技术要求等。对照目录检查图纸是否齐全，采用了哪些标准图，并准备齐全这些标准图。然后看建筑平、立、剖面图，大体上想象一下建筑物的立体形象及内部布置。

(2) 顺序识读。在总体了解建筑物的情况以后，根据施工的先后顺序，从基础、墙体(或柱)、结构平面布置、建筑构造及装修的顺序，仔细阅读有关图纸。

(3) 前后对照。读图时，要注意平面图、剖面图对照着读，建筑施工图和结构施工图对照着读，土建施工图与设备施工图对照着读，做到对整个工程施工情况及技术要求心中有数。

(4) 重点细读。根据工种的不同，将有关专业施工图再有重点地仔细读一遍，并将遇到的问题记录下来，及时向设计部门反映。

识读一张图纸时，应按由外向里、由大到小、由粗至细、图样与说明交替、有关图纸对照看的方法，重点看轴线及各种尺寸关系。

要想熟练地识读施工图，除了要掌握投影原理、熟悉国家制图标准外，还必须掌握各专业施工图的用途、图示内容和方法。此外，还要经常深入到施工现场，对照图纸，观察实物，这也是提高识图能力的一个重要方法。

7.2　建筑设计总说明和建筑总平面图

7.2.1　建筑设计总说明

1. 建筑设计总说明的形成和作用

建筑设计总说明是以文字的方式来表达图纸中无法表达清楚的带有全局性的内容，主要包括设计图依据、工程概况和建筑构造做法等。

建筑设计总说明对新建工程的总体要求(如材料、质量要求)、具体做法及该工程的有关情况都作具体的文字说明，因此，它为施工人员尽快了解设计意图提供依据，对施工过程具有控制性的指导意义。

【参考图文】

2．建筑设计总说明的主要内容

1) 设计依据

本工程施工图设计的依据性文件、批文和国家与地方法规等。

2) 工程概况

一般包括建筑名称、建设地点、建设单位、工程性质、建筑面积、使用年限、设计层数与总高、防水、防火和抗震设防等。

3) 设计标高

本工程的相对标高与绝对标高的关系。

4) 工程做法表

工程做法表是以表格的形式对室内外各分部工程的构造、做法、层次、选材、尺寸和施工进行说明，如屋面、楼面、顶棚和室内、外装修等。

5) 门窗表

门窗表主要来表达建筑物的门窗类型、编号、数量、尺寸、选用图集等内容。

6) 其他

对于上述没有表达又必须说明的问题放在这里一并表述。

3．建筑设计总说明的阅读

建筑设计总说明的阅读没有捷径可走，必须逐句阅读。

 应用案例 7-2

以附图 2 建筑设计总说明(一)和附图 2 工程做法(二)为例说明阅读的方法和步骤。

(1) 看工程设计主要依据，了解设计依据性文件、批文和相关规范文件。

(2) 看工程概况，了解工程名称、工程性质、建筑面积、使用年限、设计层数、防水和抗震设防等。

(3) 看设计标高，了解本工程的相对标高与绝对标高的关系。

(4) 看构造做法和工程做法表，了解各分部工程的构造做法、层次、选材、尺寸和施工要求。

(5) 看门窗表，了解门窗在尺寸、数量、性能、用料、颜色等方面的设计要求。

(6) 看内、外装修工程，了解内、外装饰装修的做法。

(7) 看室外工程，了解外挑檐、雨篷、室外台阶、坡道、散水、窗井、排水明沟或散水带明沟等工程做法。

(8) 看其他综合说明，了解其他的特殊说明。

7.2.2 建筑总平面图

1．建筑总平面图的形成

将新建建筑物四周一定范围内的原有和拆除的建筑物、构筑物连同其周围的地貌地物状况，用水平投影方法和相应的图例所画出的图样，称为建筑总平面图(或称总平面布置图)，简称总平面图或总图。

地貌是指地表起伏的地形等。地物是指地面房屋、道路、河流、植被和绿化等。

2．建筑总平面图的作用

建筑总平面图表示出新建房屋的平面形状、位置、朝向及与周围地形、地物的关系等。总平面图是新建房屋定位、施工放线、土方施工及有关专业管线布置和施工总平面布置的依据。

3．建筑总平面图的图示要求

1) 比例

总平面图因包括的地方范围较大，所以绘制时都用较小的比例，如 1∶2000、1∶1000、1∶500 等。在实际工作中，由于各地方国土管理局所提供的地形图的比例为 1∶500，故通常总平面图中多采用这一比例。

2) 图例

由于比例较小，总平面图上的内容一般按图例绘制，所以总图中使用的图例符号较多。常用图例符号如表 7-3 所示。在较复杂的总平面图中，若用到一些"国标"中没有规定的图例，必须在图中另加说明。

表 7-3　常用图例符号

(详见 GB/T 50103—2010)

名　称	图　例	备　注
新建建筑物	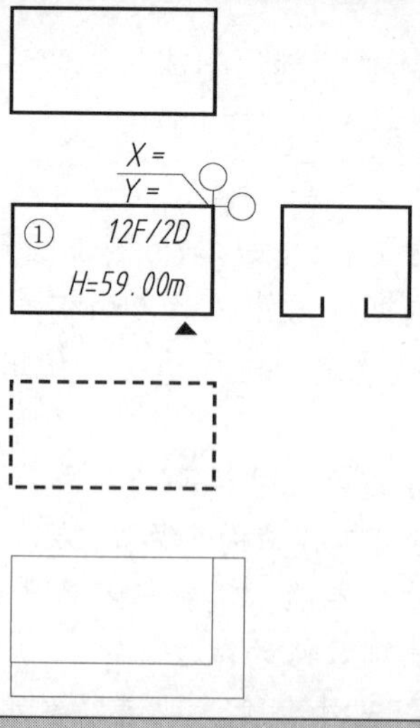 ① X=／Y= 12F/2D H=59.00m	新建建筑以粗实线表示与室外地坪相接处±0.00外墙定位轮廓线 建筑物一般以±0.00高度处的外墙定位轴线交叉点坐标定位。轴线用细实线表示，并标明轴线号 根据不同设计阶段标注建筑编号，地上、地下层数，建筑高度，建筑出入口位置(两种表示方法均可，但同一图样采用一种表示方法) 地下建筑物以粗虚线表示其轮廓 建筑上部(±0.00 以上)外挑建筑用细实线表示 建筑物上部连廊用细虚线表示并标注位置
原有建筑物		用细实线表示
计划扩建的预留地或建筑物		用中粗虚线表示
拆除的建筑物	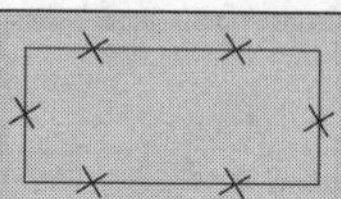	用细实线表示

续表

名　称	图　例	备　注
坐标	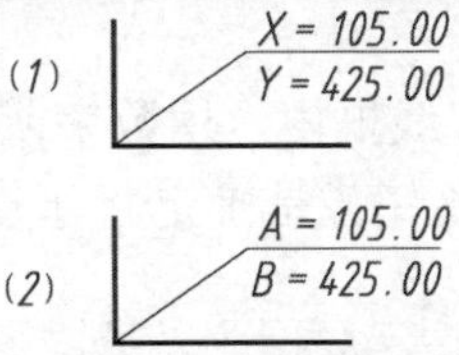 (1) X = 105.00 Y = 425.00 (2) A = 105.00 B = 425.00	(1) 表示地形测量坐标系 (2) 表示自设坐标系坐标数字平行于建筑标注
围墙及大门	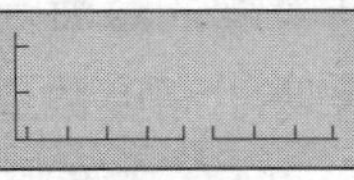	—
铺砌场地	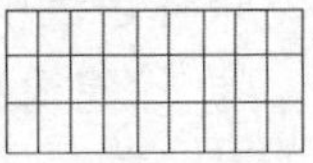	—
新建的道路	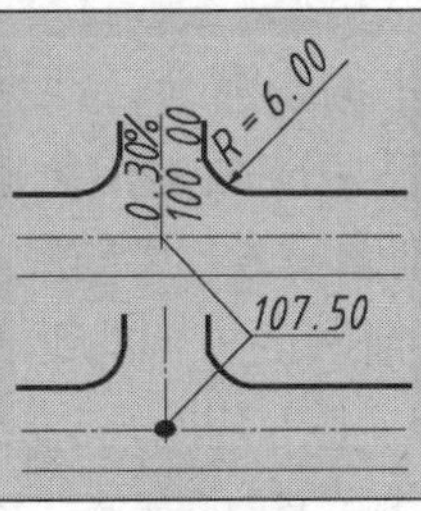 R=6.00 0.30% 100.00 107.50	"R=6.00"表示道路转弯半径；"107.50"为道路中心线交叉点设计标高，两种表示方式均可，同一图纸采用一种方式表示；"100.00"为变坡点之间距离，"0.30%"表示道路坡度，→表示坡向
原来道路		—
计划扩建的道路	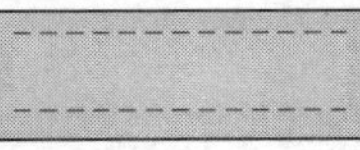	—
拆除的道路	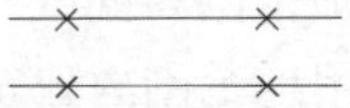	—
桥梁	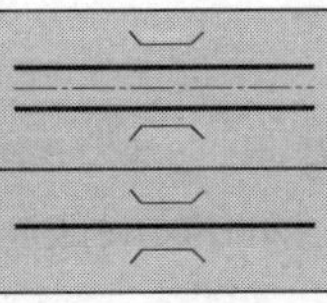	用于旱桥时应注明上图为公路桥，下图为铁路桥
填挖边坡	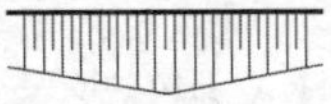	—
挡土墙	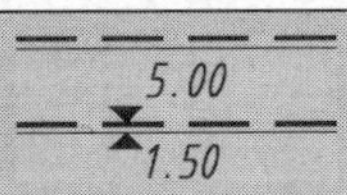 5.00 / 1.50	挡土墙根据不同的设计阶段的需要标注 墙顶标高 墙底标高
挡土墙上设围墙		—

3) 图线

按总图标准规定的图线绘制。新建建筑用粗线(1.0b)绘制，拟建建筑用中粗线(0.7b)绘制，其他用细线(0.25b)绘制。

4) 标注

建筑总平面图中一般有标高和定位尺寸两项标注。

4．建筑平面图的图示内容

以附图 3 为例说明建筑总平面图的主要内容。

(1) 建筑红线。各地方国土管理部门提供给建设单位的地形图为蓝图，在蓝图上用红色笔画定的土地使用范围的线称为建筑红线。任何建筑物在设计、施工中均不能超过此线。如附图3所示，双粗点画线即为建筑红线。

(2) 新建建筑物。用粗实线框表示，并在线框内，用数字或点数表示建筑层数。

(3) 新建建筑物的定位。总平面图的主要任务是确定新建建筑物的位置，通常是利用原有建筑物、道路等来定位的。

(4) 新建建筑物的室内外标高。我国把青岛附近的黄海海平面作为零点测出的高度尺寸，称为绝对标高。在总平面图中，用绝对标高表示高度数值，单位为m。

(5) 相邻有关建筑、拆除建筑的位置或范围。原有建筑用细实线框表示，并在线框内，也用数字表示建筑层数。拟建建筑物用虚线表示。拆除建筑物用细实线表示，并在其细实线上打叉。

(6) 附近的地形地物，如等高线、道路、水沟、河流、池塘、土坡等。

(7) 指北针和风向频率玫瑰图。在总平面图中应画出指北针或风向频率玫瑰图(简称风玫瑰图)来表示建筑物的朝向。指北针的画法见图7.6，风向频率玫瑰图一般画出十六个方向的长短线来表示该地区常年的风向频率，有箭头的方向为北向，如图7.7所示。从图7.6指北针和图7.7风向频率玫瑰图可知该地区常年多为西南风。

(8) 道路(或铁路)和明沟等的起点、变坡点、转折点、终点的标高与坡向箭头。

(9) 主要的经济指标。

① 用地面积。指用地范围内的土地面积。

② 建筑总面积。指用地范围内建筑物各层建筑面积总和，地上和地下，分别计算。

③ 容积率。指总建筑面积与用地面积之比。

④ 建筑密度。指建筑物的底层面积总和与总用地面积之比，用%表示。

图7.7 风玫瑰图

⑤ 绿地率。指绿化面积与建设用地面积之比，用%表示。

以上内容并不是所有总平面图上都是必需的，可根据具体情况加以选择。

 应用案例7-3

阅读总平面图实例

在阅读总平面图时应首先阅读标题栏，以了解新建建筑工程的名称，再看指北针和风向频率玫瑰图，了解新建建筑的地理位置、朝向和常年风向，最后了解新建建筑物的形状、层数、室内外标高及其定位，以及道路、绿化和原有建筑物等周边环境。

现以附图3总平面图为例，说明阅读建筑总平面图的步骤。

(1) 看图名、比例、图例及有关文字说明。总平面图因包括的地面范围较大，所以绘图比例较小，图中所用图例符号较多，应熟记。

附图3中，图名为某教学综合楼，比例是1∶500。

(2) 看总体布局，了解新建工程性质、用地范围、地形地貌等。

该建筑物是处在教学区，地势平坦，布置规划整齐合理。因为是在小范围平坦土地上建造，总平面图可以不必画出地形等高线和坐标网格。

(3) 明确新建工程相关信息，了解工程规模，朝向和风向，相邻建筑和周围环境等。

新建建筑为六层教学综合楼，位于整个教学区的东南角，坐南朝北，东、西有两个主要出入口，绿地规划合理。

(4) 看平面布局与定位，了解新建建筑的定位方式方法、道路、标高等。

新建建筑将按照与原有建筑之间的关系定位，室内地坪±0.000m 相当于绝对标高 4.300m。

(5) 看经济指标，了解建筑总面积、建筑密度、容积率、绿地率等。该建筑总建筑面积是 3010mm^2，容积率 3.5，建筑密度 49.5%，绿地率 50.5%。

(6) 看其他。总平面图上有时还画上给排水、采暖、电器等管网布置图，一般与设备施工图配合使用。

特别提示

(1) 用粗实线画出的图形是新建房屋的底层平面轮廓，用细实线画出的是原有建筑，其中四周画有"×"的是应拆除的建筑物，用中虚线画出的是计划建造的房屋。各个平面图形内的小黑点数，表示房屋的层数。

(2) 根据原有房屋、围墙(或道路)来确定新建房屋的平面位置，并标注出定位尺寸(以 m 为单位)。当地形起伏较大时，还应画出地形等高线。

(3) 要注意识读新建房屋底层室内地坪和室外整平地坪的绝对标高。

(4) 根据图中的指北针，确定新建房屋的朝向。

7.3 建筑平面图

7.3.1 建筑平面图的形成和作用

1. 建筑平面图的形成

假想用一水平面剖切平面，沿着房屋各层门、窗洞口处将房屋切开，移去剖切平面以上部分，向下所作的水平剖面图，称为建筑平面图，简称平面图，如图 7.8 所示。

一般房屋有几层，就应画出几个平面图，并在图的下方注明相应的图名，如底层或一层平面图、二层平面图等。当某些楼层平面布置相同时，可以只画出其中一个平面图，称其为标准层平面图。屋面需要专门绘制其水平投影图，称为屋顶(面)平面图。

在同一张图纸上绘制多于一层的平面图时，各层平面图宜按层数的顺序从左至右或从下至上布置。平面较大的建筑物，可分区绘制平面图，但应绘制组合示意图。

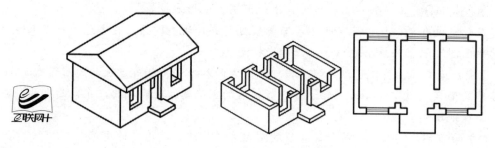

图 7.8　建筑平面图的形成

2．建筑平面图的作用

建筑平面图是建筑施工图中最重要的图纸之一。主要表示建筑物的平面形状、大小、房屋布局、门窗位置、楼梯、走道安排、墙体厚度及承重构件的尺寸等。它是施工放线、砌筑、安装门窗、作室内外装修以及编制预算、备料等工作的依据。

从分层平面图中，可以看出该建筑物分层的平面形状，各室的平面布置情况，出入口、走廊、楼梯的位置，各种门、窗的布置等。在厨房、卫生间内还可看到固定设备及其布置情况。

平面图不仅要反映室内情况，还需反映室外可见的台阶、明沟(或散水)、花坛等。

7.3.2　建筑平面图的图示要求

1．比例

房屋的建筑平面图一般比较详细，通常采用较大的比例，如 1∶100、1∶50，并标出实际的详细尺寸，必要时可用比例是 1∶150，1∶300 等。

2．定位轴线

定位轴线是标定房屋中的墙、柱等承重构件位置的线，它是施工时定位放线及构件安装的依据。它是反映房间开间、进深的标志尺寸，常与上部构件的支承长度相吻合。

3．图线

被剖切到的墙柱轮廓线用粗实线($1.0b$)，没有剖切到的可见轮廓线如窗台、台阶、楼梯等用中粗实线($0.5b\sim0.7b$)，尺寸线、标高符号、图例线、尺寸线、轴线圈、引出线等用细线($0.25b$)画出，如果需要表示高窗、通气孔、槽、地沟及起重机等不可见部分，则应以虚线绘制，定位轴线和中心线用细点画线。

4．代号和图例

在平面图中，门窗、卫生设施及建筑材料均应按规定的图例绘制。并在图例旁注写它们的代号和编号，代号"M"用来表示门，"C"表示窗，编号可用阿拉伯数字顺序编写，如 M1、M2、…和 C1、C2、…等，也可直接采用标准图上的编号。虽然门、窗用图例表示，但门窗洞的大小及其形式都应按投影关系画出。如窗洞有凸出的窗台，应在窗的图例上画出窗台的投影。门及其开启方向用 45°方向倾斜的中实线线段表示，用两条平行的细实线表示窗框及窗扇的位置。常用建筑图例见表 7-4。

钢筋混凝土断面可涂黑表示，砖墙一般不画图例(或可在描图纸背面涂红)。

表 7-4 构造及配件图例

(详见 GB/T 50104—2010)

名 称	图 例	说 明
楼 梯	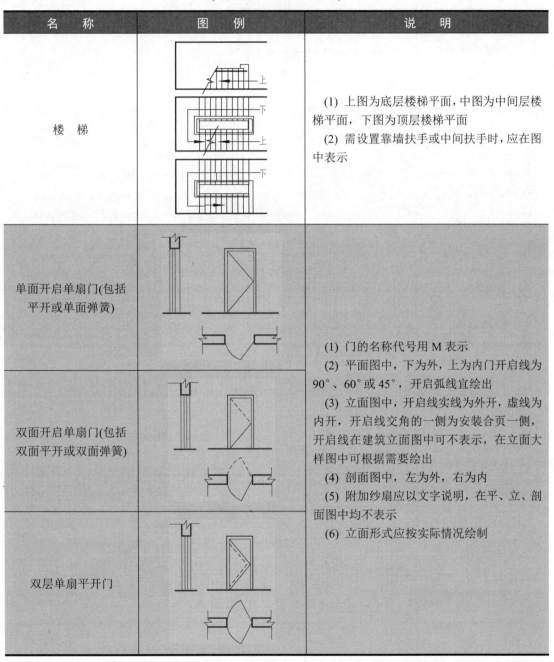	(1) 上图为底层楼梯平面，中图为中间层楼梯平面，下图为顶层楼梯平面 (2) 需设置靠墙扶手或中间扶手时，应在图中表示
单面开启单扇门(包括平开或单面弹簧)		(1) 门的名称代号用 M 表示 (2) 平面图中，下为外，上为内门开启线为 90°、60°或 45°，开启弧线宜绘出 (3) 立面图中，开启线实线为外开，虚线为内开，开启线交角的一侧为安装合页一侧，开启线在建筑立面图中可不表示，在立面大样图中可根据需要绘出 (4) 剖面图中，左为外，右为内 (5) 附加纱扇应以文字说明，在平、立、剖面图中均不表示 (6) 立面形式应按实际情况绘制
双面开启单扇门(包括双面平开或双面弹簧)		
双层单扇平开门		

续表

名　　称	图　　例	说　　明
单面开启双扇门(包括平开或单面弹簧)	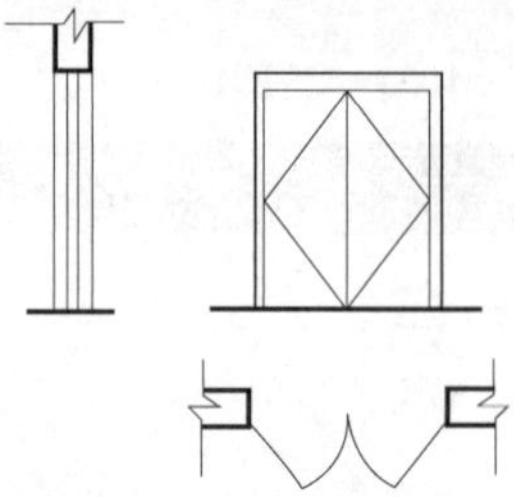	
双面开启双扇门(包括双面平开或双面弹簧)	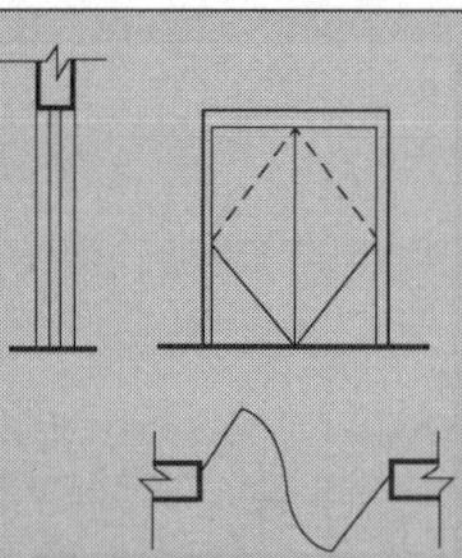	(1) 门的名称代号用 M 表示 (2) 平面图中，下为外，上为内门开启线为 90°、60° 或 45°，开启弧线宜绘出 (3) 立面图中，开启线实线为外开，虚线为内开，开启线交角的一侧为安装合页一侧，开启线在建筑立面图中可不表示，在立面大样图中可根据需要绘出 (4) 剖面图中，左为外，右为内 (5) 附加纱扇应以文字说明，在平、立、剖面图中均不表示 (6) 立面形式应按实际情况绘制
双层双扇平开门		
单层外开平开窗	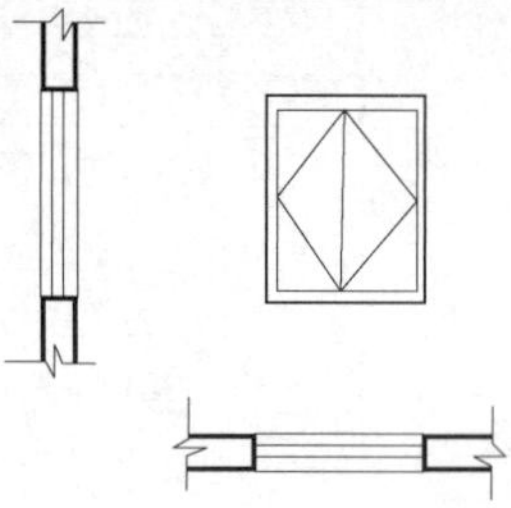	(1) 窗的名称代号用 C 表示 (2) 平面图中，下为外，上为内 (3) 立面图中，开启线实线为外开，虚线为内开，开启线交角的一侧为安装合页一侧，开启线在建筑立面图中可不表示，在门窗立面大样图中需绘出 (4) 剖面图中，左为外，右为内。虚线仅表示开启方向，项目设计不表示 (5) 附加纱扇应以文字说明，在平、立、剖面图中均不表示 (6) 立面形式应按实际情况绘制
单层内开平开窗		

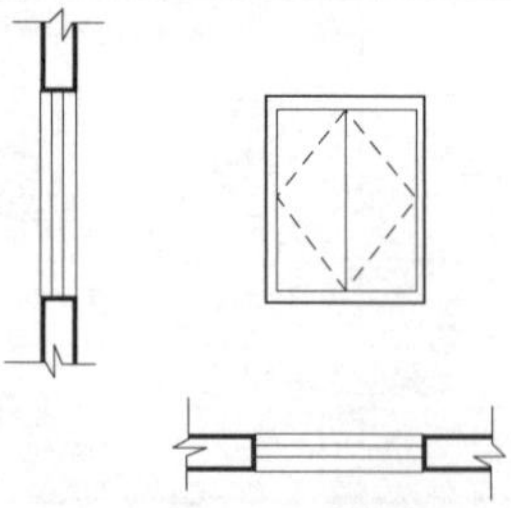

5．尺寸标注

平面图上的尺寸分为外部和内部两类尺寸。

1) 外部尺寸(主要有三道)

第一道尺寸表示外轮廓的总尺寸，是从一端外墙到另一端外墙边的总长和总宽(外包尺寸)；第二道尺寸为轴线间尺寸，它是承重构件的定位尺寸，也是房间的"开间"和"进深"尺寸；第三道尺寸是细部尺寸，表明门、窗洞、洞间墙的尺寸等。这道尺寸应与轴线相关联。

如果房屋前后或左右不对称，则平面图上四边都应注写三道尺寸。

2) 内部尺寸

内部尺寸表示房间的净空大小和室内的门窗洞、孔洞、墙厚和固定设备(厕所、盥洗室、工作台、隔板等)的大小与位置。

6．剖切线与索引符号

建筑剖面图的剖切位置和投射方向，应在底层平面图中用剖切线表示，并应编号；凡套用标准图集或另有详图表示的构配件、节点，均需画出详图索引符号，以便对照阅读。

7．建筑物的朝向

有时在底层平面图外面还要画出指北针符号，以表明房屋的朝向。

8．标高

在平面图上，除注出各部长度和宽度方向的尺寸之外，还要注出楼地面等的相对标高，以表明各房间的楼地面对标高零点的相对高度。

7.3.3 建筑平面图的图示内容

1．底层平面图的图示内容

底层平面图是房屋建筑施工图中最重要的图纸之一，是施工设计、备料、施工放线、砌筑、安装门窗及编制概、预算的重要依据。

底层平面图的主要内容可概括如下：

(1) 图名、比例及建筑物的朝向。朝向在底层平面图中用指北针表示。建筑物的主要入口在哪面墙上，就称建筑物朝哪个方向。

(2) 平面布置。平面布置是平面图的主要内容，它着重表达各种用途的房间与走道、楼梯、卫生间的关系，房间之间一般用墙体分割。

(3) 纵横定位轴线及其编号。定位轴线主要用来确定建筑物及各构件之间的位置关系。

(4) 墙、柱。建筑物中墙、柱是承受垂直荷载的重要结构，墙体又起着分割房间的作用，为此，它的平面位置、尺寸大小都非常重要。柱在平面图中必须注出断面形状、大小及与轴线的关系。

(5) 门、窗布置及其型号。

(6) 楼梯梯段的走向。

(7) 台阶、花坛、阳台、雨篷等的位置，盥洗间、厕所、厨房等固定设施的布置及雨水管、明沟等的布置。

(8) 平面图的轴线尺寸，各建筑物构配件的大小尺寸和定位尺寸及楼地面的标高、某些坡度及其下坡方向。

(9) 剖面图的剖切位置线和投射方向及其编号。

(10) 详图索引符号。

(11) 施工说明等。

2．标准层平面图的图示内容

(1) 房间布置、名称、各项尺寸及楼地面标高。标准层平面图的布置与底层平面图不同的，必须表示清楚。

(2) 门、窗布置及其型号。标准层中的门窗设置与底层平面图往往不同，在底层建筑物的入口为大门，在标准层中相同的平面位置一般情况下都改为窗。

(3) 纵横定位轴线及其编号。

(4) 楼梯的位置及上、下行方向、阶数和平台标高。

(5) 阳台、雨篷、雨水管的位置及尺寸。

3．屋顶平面图的图示内容

(1) 屋面排水情况。如排水分区、天沟、屋面坡度、雨水口的位置等。

(2) 突出屋面的构件。如电梯机房、水箱、检查孔、屋面变形缝等位置。

(3) 屋面的细部做法。主要包括泛水、天沟、变形缝、雨水口等。

7.3.4 建筑平面图的阅读

一个建筑物有多个平面图，底层平面图涉及的内容最全面，为此，我们阅读建筑平面图时，首先要读懂底层平面图。读懂底层平面图后，再阅读其他平面图就容易的多了。阅读时要注意各层平面图之间的联系和区别。

1．阅读底层平面图的步骤

(1) 看图名、比例，熟悉识读对象。

(2) 看指北针，了解房屋的朝向。

(3) 看总体情况，包括建筑物的平面形状、总长、总宽、各房间的位置和用途。

(4) 看定位轴线，了解各房间的进深、开间，墙、柱的位置及尺寸，了解地面以及室外地坪、其他平台、板面的标高。

(5) 看细部构造，详细了解门窗樘数、台阶、散水、管道等布置与定位。

(6) 看剖切位置与索引，了解详图情况。

(7) 看文字说明，了解施工及材料要求。

2．其他层平面图的阅读

在熟练阅读底层平面图后，阅读其他各层平面图要注意以下几点。

(1) 查看各房间的布置与底层的异同。

(2) 查看墙身厚度与底层的异同。

(3) 查看门窗与底层的异同。

(4) 查看材料规格、强度等级与底层的异同。

(5) 查看功能、造型与底层的异同。

(6) 查看其他细节与底层的异同，如标高、细部构造等。

3．屋顶平面图的阅读

(1) 屋面排水方向、坡度及排水分区。

第7章 建筑施工图

(2) 结合有关详图阅读，检查孔、檐口等部位做法以及屋面材料防水做法。

 应用案例7-4

以附图4~附图6为例说明建筑平面图识读的方法和步骤。

1. 底层平面图

(1) 看图名、比例，熟悉识读对象。
(2) 看指北针，了解房屋的朝向。
(3) 看总体情况，包括建筑物的平面形状、总长、总宽、各房间的位置和用途。
(4) 看定位轴线，了解各房间的进深、开间，墙、柱的位置及尺寸，了解地面以及室外地坪、其他平台、板面的标高。
(5) 看细部构造，详细了解门窗樘数、台阶、散水、管道等布置与定位。
(6) 看剖切位置与索引，了解详图情况。
(7) 看文字说明，了解施工及材料要求。

该综合教学楼的底层平面图如附图4所示，该底层平面图比例是1∶100，在图中有一个指北针符号，可以知道房屋方位是坐南朝北。结构类型是框架结构，图样中涂黑的为钢筋混凝土柱。1轴、2轴与B轴、C轴相交处是1号楼梯间，并表明了由此上到二楼或下到地下一层的方向，同样在12轴、13轴与B轴、C轴相交处是2号楼梯间，在2轴、3轴、4轴与B轴、C轴相交处分别是男女卫生间。在建筑物的北侧有走廊和台阶，在东北角有一个无障碍坡道，四周有散水。

建筑平面的外轮廓总长为41.7m，总宽为10.2m。4轴、7轴与B轴、C轴相交处是一个大开间的自然教室，其余是布局相同的办公室。横向定位轴线为1至13，竖向定位轴线为A至D，北面走廊外墙厚300mm，其他墙厚均为240mm。

建筑物的内外高差为0.300m，由建筑物东、西两侧进入室内需上2级台阶到走廊，走廊比室内地坪低0.050m，走廊宽度为2.4m，室内主要地面的标高是±0.000。门有M1、M2两种型号，窗有C1、C2、C3、C4、C5五种型号。

从平面图中还可了解房间的布置和卫生设备等的布置。在底层平面图上，还画出了剖面图的剖切符号1—1、2—2，表明了剖切位置与投影方向，以便与剖面图对照查阅。

2. 二~五层平面图

二到五层为标准层平面图，如附图5所示，除了与底层相同之处外，还有几处不同点：
(1) 二层以上不再画底层平面图中的台阶、散水、指北针和剖切符号等。
(2) 在底层建筑物的入口，在标准层中相同的平面位置改为C-9窗。
(3) 卫生间的窗与底层的不同。
(4) 房间的用途不同，开间不同。
(5) 各层的标高分别是：二层3.6m，三层7.2m，四层10.8m，五层14.4m。

3. 屋顶平面图

附图6为屋顶平面图，从图中可以看出：该屋顶为平屋顶，排水坡度为2%，在南北共设置11根雨水管。其中复杂部分用索引符号进行索引说明。

7.4 建筑立面图

7.4.1 建筑立面图的形成和作用

建筑立面图是房屋外表面的正投影图，简称立面图。如图 7.9 所示。建筑立面图主要表达建筑物的体型和外貌，以及立面装修的做法。立面图应包括建筑外轮廓线和室外地坪线、勒脚、外墙面做法、构配件(如阳台、雨水管、门窗等)及必要的尺寸与标高等。

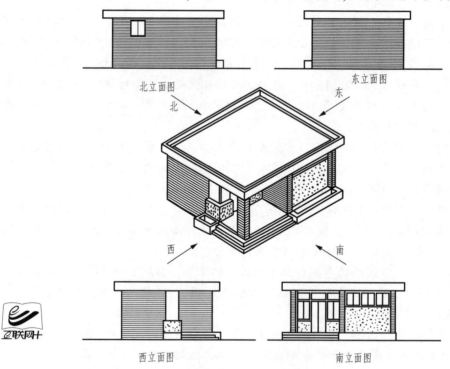

图 7.9　建筑立面图的形成

对有定位轴线的建筑物，宜根据两端定位轴线编注立面图名称(如①—⑩立面图，Ⓐ—Ⓓ立面图)，无定位轴线的立面图，可按平面图各面的方向确定名称(如南立面图、东立面图)。也有按建筑物立面的主次，把建筑物主要入口面或反映建筑物外貌主要特征的立面称为正立面图，正立面图的对立面为背立面，还有左、右侧立面图。

7.4.2 建筑立面图的图示要求和内容

1. 建筑立面图示要求

(1) 比例。建筑立面图常用比例有 1∶50、1∶100、1∶200 等,一般要求立面图的比例要与平面图保持一致。

(2) 定位轴线。在立面图中一般只画出两端的轴线及其编号,以便与平面图对照识读。

(3) 图线。一般立面图的外形轮廓线用粗实线($1.0b$)表示;室外地坪线用特粗实线($1.4b$)绘制,阳台、雨篷、窗洞、台阶、花坛等轮廓线用中实线($0.5b$)表示;门窗扇及其分格线、雨水管、墙面引条线、有关说明引出线、尺寸线、尺寸界线和标高等均用细实线($0.25b$)表示。

(4) 图例及符号。由于立面图的比例较小,所以门窗可按规定图例绘制。有时立面图中的阳台门和部分窗中画有斜的细线,那是门窗开启方向的符号。细实线表示外开,细虚线表示内开,开启线两条斜线的交点表示门窗转轴的位置。凡是门窗型号相同的,只要画其中一个就可以了,其余部分可只画出门窗洞轮廓线,墙面的装饰做法一般用引出线说明。

(5) 标注。立面图中主要表达两种尺寸:一是两端轴线尺寸,以毫米(mm)为单位;二是高度尺寸,以标高表示,以米(m)为单位。

标高注写的主要部位:室内外地坪、各层楼面、檐口、窗口、窗顶、雨篷、阳台面以及墙面、饰面分隔线等。

(6) 其他规定。平面形状曲折的建筑物,可绘制展开立面图,圆形或多边形平面的建筑物,可分段展开绘制立面图,但均应在图名后加注"展开"二字。较简单的对称式建筑物或对称的构配件等,在不影响构造处理和施工的情况下,立面图可绘制一半,并在对称轴线处画对称符号。

2. 建筑立面图示内容

现以附图 7 为例来说明建筑立面图的图示内容。

(1) 立面图的图名和比例注写在图样的正下方。

(2) 建筑物的外部形状。主要有门窗、台阶、雨篷、阳台、雨水管等。

(3) 用标高表示出各主要部位的相对高度。如室内外地坪标高、各层楼面标高及檐口标高等。

(4) 立面图中的尺寸。立面图中一般有三道尺寸线,最外边一道为建筑物总高;中间一道为层高;最里边一道为门窗洞口的高度及与楼地面的相对位置。

(5) 外墙面装饰。外墙面装饰通常用索引符号引导查找相关标准图集中的具体做法。

7.4.3 建筑立面图的阅读方法和步骤

建筑立面图的阅读步骤如下。
(1) 看图名、比例,了解立面图与平面图的关系。
(2) 看建筑外形,了解整个建筑物的轮廓及设计艺术。
(3) 看建筑细部,熟悉外墙面的装饰装修做法。
(4) 看标高和尺寸,熟悉楼层高度和建筑总高度。
(5) 看索引,查看相关图集。

应用案例 7-5

以附图 7 为例来识读建筑立面图。

建筑立面图识读的内容主要有(可按其顺序识读)：图名和比例、外形、定位轴线、标高和尺寸标注、外墙装饰、文字说明。

(1) 对照平面图可以看出⑬—①轴所表达的是该建筑物朝北的立面图，即北立面图，就是将建筑物由北向南投影所得到的正投影图，比例与平面图一致是 1∶100，以方便平面、立面对照阅读。

(2) 从图 7.14 立面图中可知建筑物入口在北面，窗在南面，这个立面图也是整个建筑物的正立面图，可以看到整个建筑的立面轮廓。

(3) 从图中标高可知室外地坪比室内 ±0.000 低 300mm，房屋的外墙总高度为 25.50m。一般标高注在图形外，并做到符号排列整齐、大小一致。

(4) 从图中的索引和文字说明，查看建筑设计总说明，可以了解到房屋外墙面装修的做法。如外墙 1 为高级涂料，外墙 2 为石材。

其他立面图可以按照相同步骤阅读。

7.5 建筑剖面图

7.5.1 建筑剖面图的形成和作用

假想用一个垂直剖切平面把房屋剖开，将观察者与剖切平面之间的部分房屋移走，把留下的部分对与剖切平面平行的投影面作正投影，所得到的正投影图，称为建筑剖面图，简称剖面图。

建筑剖面图用来表达建筑物内部垂直方向高度、楼层分层情况及结构形式和构造方式，它与建筑平面图、立面图相配合，是建筑施工图中不可缺少的重要图样之一，也是施工、概预算及备料的重要依据。

在平面图上剖面图的剖切位置应选择能反映全貌和构造特征的位置，以及有代表性的剖切位置。一般常取楼梯间、门窗洞口及构造比较复杂的典型部位，以表示房屋内部垂直方向上的内外墙、各楼层、楼梯间的梯段板和休息平台、屋面等的构造和相互位置关系等。其数量应根据房屋的复杂程度和施工实际需要而定。两层以上的楼房一般至少要有一个楼梯间的剖面图。剖面图的剖切位置和剖视方向可以从底层平面图找到。

7.5.2 建筑剖面图的图示内容和要求

1. 比例

剖面图常用的比例为1∶50、1∶100和1∶200。一般应尽量与平面图、立面图的比例相一致。但有时也可用较平面图比例稍大的比例。由于比例较小，剖面图中的门、窗等构件也采用国标规定的图例来表示。

2. 定位轴线

画出两端的轴线及编号以便与平面图对照，有时也注出中间轴线。

3. 图线

剖切到的墙身轮廓画粗实线($1.0b$)；楼层、屋顶层在1∶100的剖面图中只画两条粗实线，在1∶50的剖面图中宜在结构层上方画一条作为面层的中粗线，而下方板底粉刷层不表示；室内外地坪线用加粗线($1.4b$)表示。可见部分的轮廓线如门窗洞、踢脚线、楼梯栏杆、扶手等画中粗线($0.5b$)；图例线、引出线、标高符号、雨水管等用细实线($0.25b$)画出。

4. 投影要求

剖面图中除了要画出被剖切到的部分，还应画出投影方向能看到的部分。室内地坪以下的基础部分，一般不在剖面图中表示，而在结构施工图中表达。

5. 图例

门、窗按规定图例绘制，砖墙、钢筋混凝土构件的材料图例与建筑平面图相同。

6. 尺寸标注

一般沿外墙标注三道尺寸线，最外面一道从室外地坪到女儿墙压顶，是室外地面以上的总高尺寸；第二道为层高尺寸；第三道为勒脚高度、门窗洞口高度、洞间墙高度、檐口厚度等细部尺寸。这些尺寸应与立面图相吻合。另外还需要用标高符号标出各层楼面、楼梯休息平台等的标高。

标高有建筑标高和结构标高之分。建筑标高是指地面、楼面、楼梯休息平台面等完成抹面装修之后的上皮表面的相对标高。如附图9中的±0.000是底层地面抹完水泥砂浆(压光)之后的表面高度，3.600、7.200、10.800、14.400、12.000等是其他各层面的标高。结构标高一般是指梁、板等承重构件的下皮表面(不包括抹面装修层的厚度)的相对标高。

7. 其他标注

某些局部构造表达不清楚时可用索引符号引出，另绘详图。细部做法如地面、楼面的做法，可用多层构造引出标注。

 应用案例 7-6

以附图9为例识读建筑剖面图，识读的主要内容分列如下。

(1) 首先阅读图名和比例，并查阅底层平面图上的剖面图的标注符号，明确剖面图的剖切位置和投影方向。1—1剖面符号在附图4底层平面图中可以找到，根据剖面符号分析剖切位置和剖视方向。

剖面图比例为1∶100，平、立、剖保持比例一致。

(2) 分析建筑物内部的空间组合与布局，了解建筑物的分层情况。从图中可知该建筑物高度方向共分为六层。

(3) 了解建筑物的结构与构造形式,墙、柱等之间的相互关系以及建筑材料和做法。从图中可知该建筑物为平屋顶。结构形式为框架结构。

(4) 阅读标高和尺寸,了解建筑物的层高和楼地面的标高及其他部位的标高和有关尺寸。从图中可知楼地面的标高,雨篷的标高和一些门和窗的形状和尺寸等。

总之,阅读建筑剖面图时应以建筑平面图为依据,由建筑平面图到建筑剖面图,由外部到内部,由下到上,反复对照查阅,形成对房屋的整体认识。还可以得知各楼层、休息平台面、屋面、檐口顶面的标高尺寸。

7.6 建筑施工图的绘制

7.6.1 绘制建筑施工图的方法

绘制建筑施工图,要有高度负责的工作态度和认真细致的工作作风。所绘制的施工图,要求技术合理、投影正确、表达清楚、尺寸齐全、字体工整以及图样布置紧凑、图面整洁等,这样才能满足施工的需要。

(1) 确定绘制图样的数量。根据房屋的外形、平面布置和构造内容的复杂程度,以及施工的具体要求,决定绘制哪几种图样。

(2) 选择合适的比例。在保证图样能清晰表达其内容的情况下,根据不同图样的不同要求,选用国家标准推荐的绘图比例。

(3) 进行合理的图面布置。图面布置(包括图样、图名、尺寸、文字说明及表格等)要主次分明、排列均匀紧凑、表达清晰。在图纸大小许可的情况下,尽量保持各图之间的投影关系,或将同类型的、内容关系密切的图样,集中在一张或顺序连续的几张图纸上,以便查阅。若画在同一张图纸时,平面图与立面图应长对正,平面图与剖面图应宽相等,立面图与剖面图应高平齐。如不画在一张图纸时,它们相互对应的尺寸均应相同。

(4) 绘制建筑施工图的顺序,一般是按平→立→剖→详图顺序来进行的。绘图时,先用较硬的铅笔画出轻淡的底稿线,底稿经检查无误后,按国家标准规定选用不同线型,进行加深。

7.6.2 平面图的绘制步骤

平面图的绘制步骤如下。
(1) 绘制轴线。
(2) 绘制墙(或柱)和门窗洞口。
(3) 画楼梯、阳台、台阶、卫生间、散水等,注写文字和门窗编号。

(4) 标注尺寸、标高、轴号、剖切符号，注写图名、比例。
(5) 经过检查无误后，擦去多余的作图线，按施工图的要求加深图线。

具体步骤如图 7.10 所示。

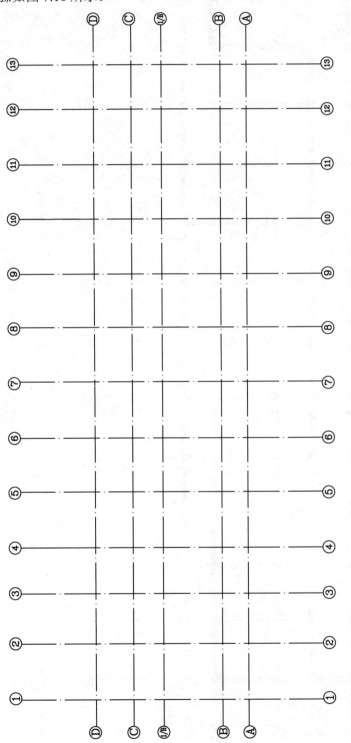

图 7.10 建筑平面图的绘制(一)
(a)

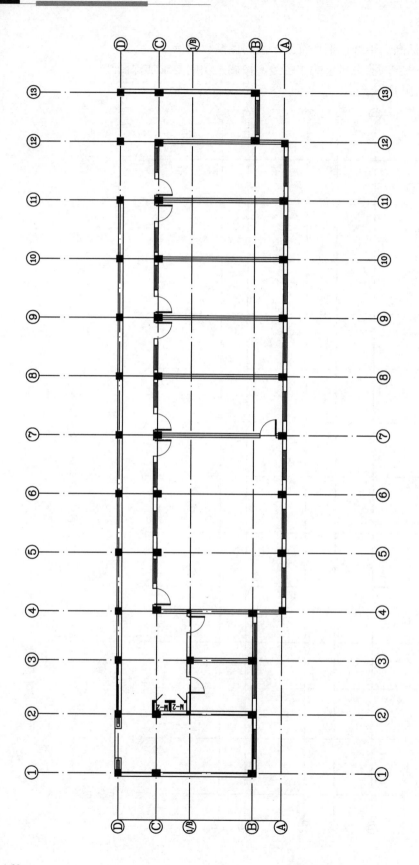

图 7.10 建筑平面图的绘制(二)
(b)

第7章 建筑施工图

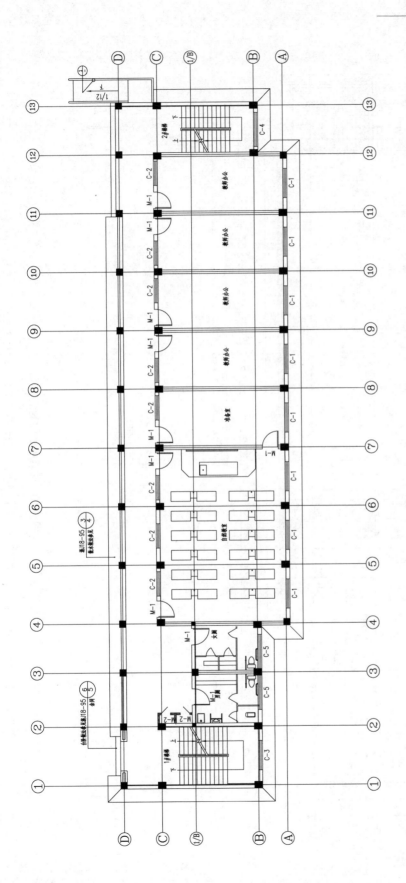

(c)

图 7.10 建筑平面图的绘制(三)

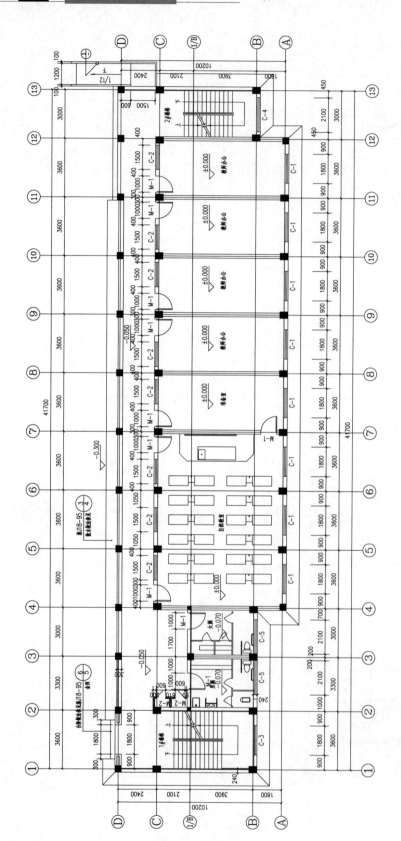

(d)

图 7.10 建筑平面图的绘制(四)

(a) 绘制轴线；(b) 画柱、墙线和门窗；(c) 画楼梯、散水等构配件、注写文字和门窗编号；(d) 完成全图

7.6.3 立面图的绘制步骤

立面图的绘制步骤如下。

(1) 画定位轴线、室外地坪线、各层层高线和外墙轮廓线等。

(2) 画各种建筑构配件的可见轮廓，如檐口、门窗洞、窗台、雨篷、阳台、楼梯间等。

(3) 经过检查无误后，擦去多余作图线，按施工要求加深图线，画出少量门窗扇、装饰、墙面分格线、轴线，并标注标高、写图名、比例及有关文字说明。

具体步骤如图 7.11 所示。

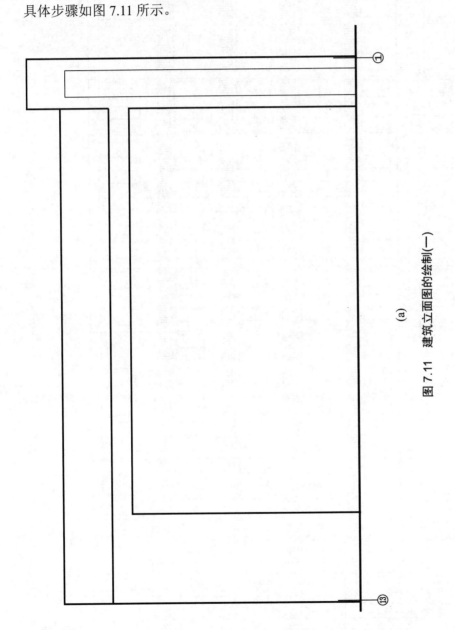

图 7.11 建筑立面图的绘制（一）

(a)

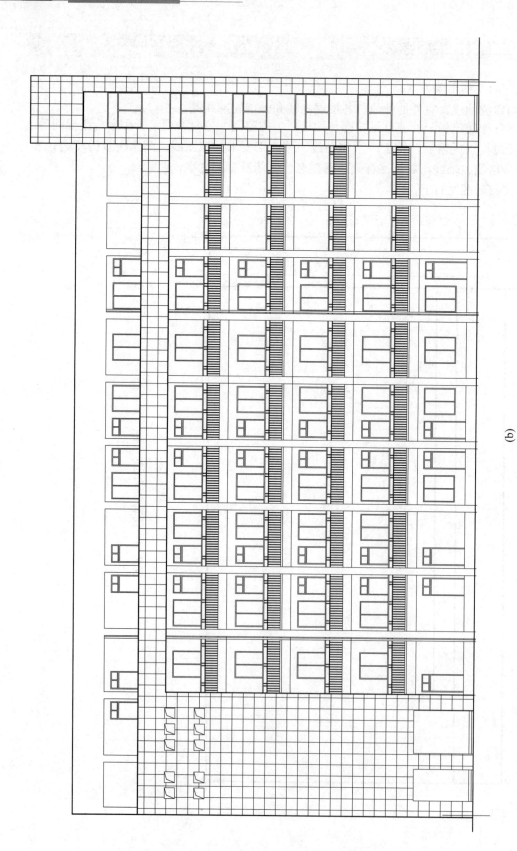

图 7.11 建筑立面图的绘制(二)

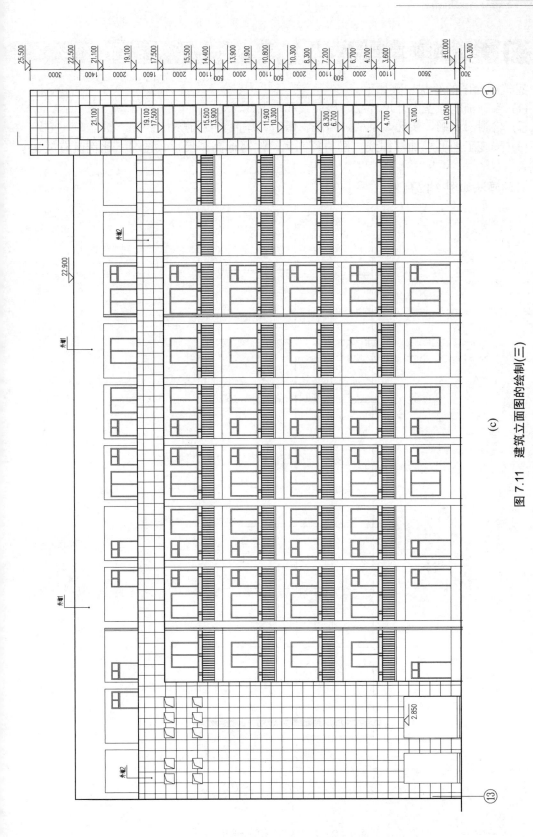

图 7.11 建筑立面图的绘制(三)

(a) 绘制轴线、室内外地坪线、楼面线;(b) 绘制门窗、外墙分格线等建筑物细部;(c) 按施工要求加深图线、标注标高、写图名、比例及有关文字说明

7.6.4 建筑剖面图的绘制步骤

建筑剖面图的绘制步骤如下。
(1) 绘制轴线、室内外地坪线、楼面线和顶棚线。
(2) 绘制门窗洞、楼梯、梁板、雨篷、檐口、屋面、台阶等。
(3) 按施工图要求加深图线，画材料图例，注写标高、尺寸、图名、比例及有关文字说明。

具体画法如图 7.12 所示。

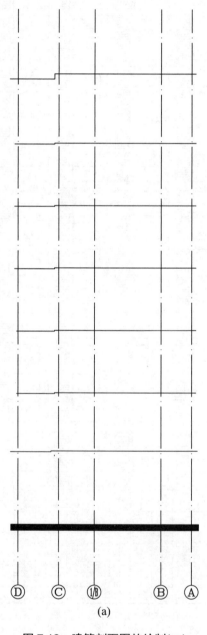

(a)

图 7.12 建筑剖面图的绘制(一)

图 7.12 建筑剖面图的绘制(二)

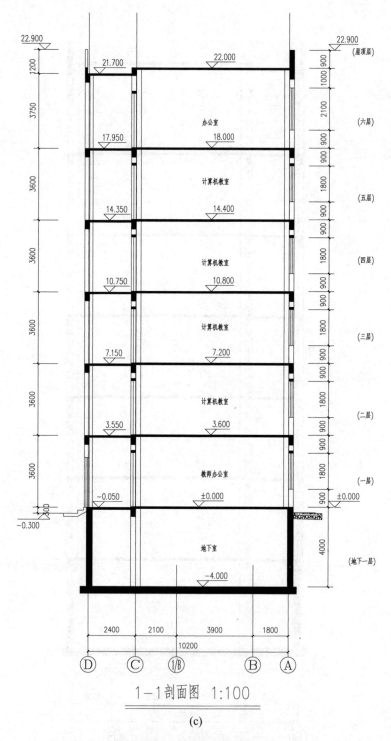

图 7.12 建筑剖面图的绘制(三)

(a) 绘制轴线、室内外地坪线、楼面线；(b) 绘制墙身、门窗洞、梁板、雨篷、檐口、屋面、台阶等；(c) 加深图线，画材料图例，注写标高、尺寸、图名、比例及有关文字说明

7.7 建筑详图

7.7.1 建筑详图的形成和作用

因为建筑平、立面图和剖面图一般采用较小的比例,所以在这些图上难以表示清楚建筑物某些部位的详细构造。根据施工需要,必须另外绘制比例大的图样,将某些建筑构配件(如门、窗、楼梯、阳台、雨水管等)及一些构造节点(如檐口、窗口、勒脚、明沟等)的形状、尺寸、材料、做法详细表达出来,称为建筑详图。一般有墙身节点详图、楼梯详图、门窗详图等。建筑详图是建筑细部的施工图,是建筑平面图、立面图、剖面图等基本图纸的补充和深化,是建筑工程的细部施工、建筑构配件的制作及编制预决算的依据。

7.7.2 建筑详图的主要内容和要求

(1) 图名(或详图符号)、比例。
(2) 表达出构配件各部分的构造连接方法及相对位置关系。
(3) 表达出各部位、各细部的详细尺寸。
(4) 详细表达构配件或节点所用的各种材料及其规格。
(5) 有关施工要求及制作方法说明等。

7.7.3 墙身节点详图

墙身节点详图也叫墙身大样图,实际上是建筑剖面图的局部放大图。它主要表达墙身与地面、楼面、屋面和檐口的构造连接情况,勒脚、散水(或明沟)、门窗顶、窗台、防潮层的尺寸、材料和做法等构造情况,是砌墙、门窗安装、室内外装修、编制施工预算及材料估算的重要依据。有时在外墙详图上引出分层构造,注明楼地面、屋顶等的构造情况,而在建筑剖面图中省略不标。

详图用较大的比例(如 1∶50、1∶20)画出。画图时,往往在窗洞中间处断开,成为几个节点详图的组合。当多层房屋中各层的情况一样时,可只画墙角、中间层(含门窗洞口)和檐口三个节点,按上下位置整体排列。墙身详图也可以不以整体形式布置,而分别单独绘制各个节点详图。

1. 墙身节点详图的内容
(1) 表明墙厚及墙与轴线的关系。

(2) 表明各层楼中的梁、板的位置及与墙身的关系。

(3) 表明各层地面、楼面、屋面的构造做法。

(4) 表明各主要部位的标高。

(5) 表明门窗洞口与墙身的关系。

(6) 表明各部位的细部装修及防水防潮做法，如排水沟、散水、防潮层、窗台、天沟等细部做法。

2. 墙身节点详图的识读方法和步骤

(1) 看图名、比例，熟悉与平面图的关系。

(2) 看细部，熟悉室内外地面、楼板面、阳台、雨篷、屋顶层等构造做法。

(3) 看构件与墙体的关系，了解房屋承重情况。

(4) 看构造做法说明，并注意与建筑设计总说明中的材料表核对。

 应用案例 7-7

墙身节点详图的识读举例

图 7.13 为某教学综合楼的外墙节点详图，读图时可由下而上或由上而下依次阅读。

图名是ⓒ—Ⓓ轴的外墙详图，比例是 1∶20。由详图中的定位轴线编号并对照平、立、剖图可知，该外墙为综合教学楼的北边走廊和办公室两个外墙。

地下室用 1.5mm 厚的 SBS 防水卷材做墙身防潮层，散水尺寸宽 600mm，无障碍坡道坡度为 2%，走廊地面有集水沟。室外坡度、台阶、雨篷、勒脚等构造做法见建筑设计说明及室外工程做法表。

结合立面图看，窗台离地 900mm，窗高 1800mm，窗顶有矩形钢筋混凝土过梁，过梁上方是墙体，墙体上方是钢筋混凝土圈梁和现浇混凝土楼板。

屋面采用平屋顶，屋顶的承重层为现浇混凝土屋面板，屋面和檐沟的做法详见建筑设计总说明。

用引出线说明走廊栏杆和扶手的材料、数量及做法。

在详图中，一般应注出各部位的标高，高度方向和墙身的细部尺寸。图中标高注写两个以上的数字时，括号内的数字依次表示高一层的标高。

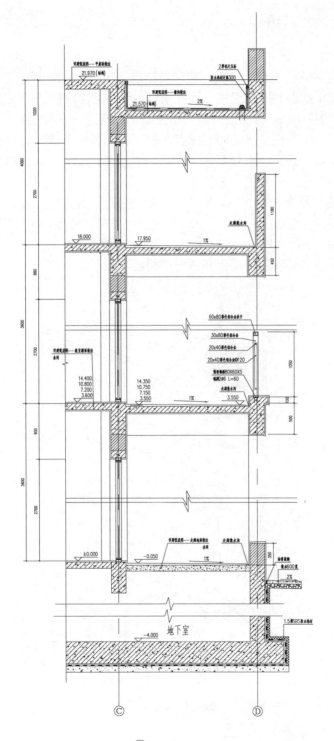

① 墙身大样（一） 1:20

图 7.13 墙身节点详图

7.7.4 楼梯详图

1. 楼梯的组成

楼梯是多层房屋的垂直交通设施。楼梯由梯段、平台、栏杆和扶手组成。梯段由多个踏步组成，踏步又由踏面和踢面组成。如图 7.14 所示。踏步的水平面称为踏面；垂直面称为踢面。所谓梯段的"级数"，一般就是指踏步数，也就是一个梯段中"踢面"的总数，它也是楼梯平面图中一个梯段的投影中实际存在的平行线条的总数。

楼梯的构造比较复杂，一般需另画详图，以表示楼梯的类型、结构形式、各部位尺寸及装修做法，是楼梯施工放样的主要依据。

楼梯详图包括平面图、剖面图、踏步和栏板(栏杆)节点详图。各详图应尽可能画在同一张图纸上，平面图、剖面图比例应一致，一般为 1∶50，踏步、栏板(栏杆)节点详图比例要大一些，可采用 1∶10、1∶20 等。

楼梯详图的线型与相应的平面图和剖面图相同。

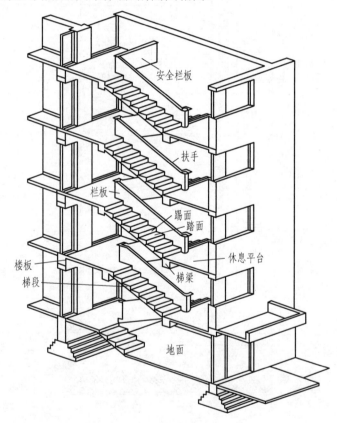

图 7.14 楼梯的组成

2. 楼梯详图的内容和表达形式

1) 楼梯平面图

一般每层楼梯都要画一个楼梯平面图。三层以上的房屋，若中间各层的楼梯位置及其梯段数、踏步数和大小都相同时，通常只画出底层、中间层和顶层三个平面图。三个平面图画在同一张图纸内,并互相对齐,以便于阅读。

楼梯平面图的剖切位置,是在该层上行方向的第一梯段(休息平台下)的任一位置处。其剖切线为水平线,而各级踏步也是水平线,为了避免混淆,剖切处规定画 45°折断线表示。

楼梯平面图中,梯段的上行和下行方向是以各层楼地面为基准标注的。应用长线箭头并在楼层平台上标注上行、下行的方向和踏步级数。

楼梯平面图用轴线编号表示楼梯间在建筑平面图中的位置,注明楼梯间的开间和进深尺寸、楼梯的跑(段)数、梯段的宽度、踏步步数、踏步的宽度、楼层平台和休息平台的平面尺寸及标高。在楼梯底层平面图应标注楼梯剖面图的剖切符号。

下面以附图 10 为例说明楼梯平面图的识读步骤。

① 看楼梯在建筑平面图中的位置及有关轴线的布置。
② 看楼梯的平面形式和踏步尺寸。
② 看楼梯间各楼层平台、休息平台的标高。
③ 了看中间层平面图中三个不同梯段的投影。
④ 看楼梯间墙、柱、门、窗的平面位置、编号和尺寸。
⑤ 看楼梯剖面图在楼梯底层平面图中的剖切位置。

2) 楼梯剖面图

楼梯剖面图是楼梯垂直剖面图的简称,其剖切位置应通过各层的一个梯段和门窗洞口,向另一未剖到的梯段方向投影所得到的剖面图。楼梯剖面图主要表达楼梯的梯段数、踏步数、类型及结构形式,表示各梯段、平台、栏杆等的构造及它们的相互关系。

楼梯剖面图可以单独画出,比例一般为 1∶50,如附图 11 所示,是楼梯间 1—1 剖面图。它是按底层平面图的剖切位置和投影方向得到的。被剖切到的部位有室内外地面,各楼层地面,休息平台,墙和楼梯段。在楼梯剖面图中应标注楼梯间的进深尺寸及定位轴线编号,各梯段和栏杆板的高度尺寸,楼地面的标高及楼梯间的外墙上门窗洞口高度尺寸和标高。

7.7.5 门窗详图

门窗详图由门窗的立面图、门窗节点剖面图、门窗五金表及文字说明等组成。

门窗立面图表明门窗的组合形式、开启方式、主要尺寸及节点索引标志。

门窗的开启方式由开启线决定,开启线有实线和虚线之分。

门窗节点剖面图表示门窗某节点中各部件的用料和断面形状,还表示各部件的尺寸及其相互间的位置关系。

附图 13 为门窗的详图。

 知识链接

建筑施工图的相关概念

(1) 建筑施工图中的各种图样主要是采用正投影的方法绘制。

(2) 建筑施工图中的各种图样的绘制和识读必须遵守国家标准《房屋建筑制图统一标准》(GB/T 50001—2010)。

(3) 要熟悉施工图中大量图例和符号。

(4) 扎实掌握第 6 章建筑图样画法的相关知识。

小 结

本章主要介绍了房屋的分类及其组成，房屋建筑施工图的有关内容和规定，建筑施工图的阅读、绘制方法和步骤。

通过本章的学习，了解建筑施工图的分类和图示特点，了解建筑设计总说明、总平面图、平面图、立面图、剖面图、建筑详图的作用和内容，掌握建筑平面图、建筑立面图、建筑剖面图及楼梯详图的画法。

【在线答题】

第8章 结构施工图

教学目标

本章主要介绍结构施工图的形成、内容、构件代号、读法等基本知识,重点介绍钢筋混凝土结构施工图的读法,要求学生能够熟练识读钢筋混凝土结构施工图的构件图、基础图、楼层结构平面图等,并熟练掌握平面整体表示法的识图方法。

教学要求

能 力 目 标	知 识 要 点	权重
(1) 了解结构施工图的主要内容 (2) 掌握结构施工图中常用构件的表示方法 (3) 了解结构施工图的读图方法	结构施工图主要包括结构设计说明、结构平面图和构件详图。掌握常用构件的表示方法。结构施工图的读图主要按以下顺序进行:首先文字部分,再次基础部分,再次结构平面图,最后详图	15%
(1) 了解并掌握钢筋混凝土的基础知识 (2) 掌握钢筋混凝土构件(梁、柱)详图的内容和特点 (3) 掌握平标法的基本概念,熟练掌握梁的平标法内容	钢筋混凝土的优点;钢筋的分类、作用、弯钩、保护层、表示和标注等基础知识;钢筋混凝土构件详图的重点是配筋图,可以用传统法或平标法表示;传统法中要注意构件立面图和断面图的识图;平标法中要注意集中标注和原位标注的表示	30%
(1) 了解基础的基本知识 (2) 掌握钢筋混凝土条形基础的平面图和详图表示法 (3) 掌握钢筋混凝土柱下独立基础的平面图和详图表示法	基础的基本类型有条形基础、独立基础、筏板基础、箱形基础、桩基础。基础承受建筑物的全部荷载,十分重要。基础图主要包括平面图和详图。平面图表达了基础的平面布置,详图表达了基础各部分的具体构造	25%
(1) 了解楼层结构平面图与屋面结构平面图的组成 (2) 掌握楼层结构平面图的读图方法 (3) 掌握屋面结构平面图的读图方法	结构平面图主要用来表示承重构件的平面位置关系,读图时要掌握这种关系,对局部构件表示也要清楚。同时要了解两种结构平面图的异同	30%

🏠 引例

通过建筑施工图可以了解一个建筑的平面布局、立面造型、内外装修和具体构造等内容，但是要实现建筑的建造，这些还是远远不够的。结构构件的选型、布置、构造是另一个十分重要的问题，主要根据力学计算和各种规范加以确定。工程中将结构构件的设计结果绘成图样表示出来，即结构施工图。本章主要介绍结构施工图的内容、形成、读图等，对本章知识的熟练掌握可以促进读者对房屋构成的透彻理解，对以后的进一步学习和工作打下良好的基础。

8.1 概　　述

8.1.1 结构施工图简介

建筑施工图可以表达出房屋造型、平面布局、建筑构造和内外装修等内容，但是各种承重构件(如图8.1所示)的布置、形式和结构构造等内容都没有表达出来，因此需要按照建筑各方面的要求进行力学与结构计算，确定各种承重构件的具体形状、大小、材料、构造等内容。将结构构件的设计结果绘成图样可以指导工程施工，这种图样称为结构施工图，简称"结施"。结构施工图是在建筑施工图的基础上作出的，必须密切与建筑施工图配合，两种施工图不能有矛盾。

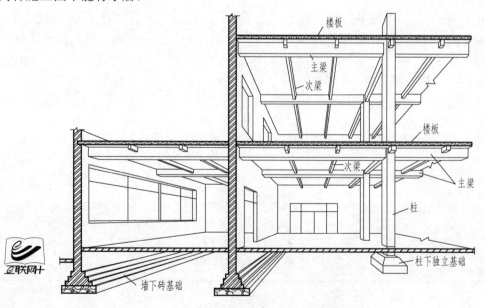

图 8.1 钢筋混凝土结构示意图

8.1.2 结构施工图的内容

结构施工图主要包括以下内容。

1．结构设计说明

结构设计说明包括结构构件的类型、规格、强度等级；地基基本情况；选用的标准图集；施工注意事项等内容。

2．结构平面图

结构平面图主要表示承重构件的布置、类型、数量。

包括以下各项。

1) 基础平面图

表示基础部分的平面布置的图样，工业建筑和设备基础布置图。

2) 楼层结构平面图

表示楼层处结构构件平面布置的图样，工业建筑还包括柱网、吊车梁、支撑、连系梁的布置等情况，常用代号表示各构件名称。

3) 屋面结构平面图

表示屋面处结构构件平面布置的图样，工业建筑还包括屋面板、天沟板、屋架、天窗架、屋面支撑的布置情况。

3．结构构件详图

(1) 梁、板、柱及基础结构详图。其中，基础详图与基础平面图应布置在一张图样上，若图幅不够，应画在与基础平面图连续编号的图样上。

(2) 楼梯结构详图。

(3) 屋面构件结构详图。

(4) 其他详图。如过梁、支撑等详图。

8.1.3 常用构件代号

建筑结构构件种类繁多，为了绘图和施工方便，国家标准规定了各种构件的代号，常用构件代号见表 8-1，用该构件名称的汉语拼音第一个字母大写表示。使用时，代号后的阿拉伯数字表示该构件的型号和编号，也可为构件的顺序号。

预制、现浇钢筋混凝土构件，钢构件和木构件，一般可直接采用表中构件代号。当需要区别构件材料种类时，一般在构件代号前加材料代号，并在图样中加以说明。

预应力钢筋混凝土构件的代号，是在构件代号前加注"Y"，如 YKB 表示"预应力钢筋混凝土空心板"。

表 8-1　常用构件代号

名称	代号	名称	代号	名称	代号
板	B	单轨吊车梁	DDL	柱	Z
屋面板	WB	边框梁	BKL	暗柱	AZ
楼面板	LB	圈梁	QL	芯柱	XZ
悬挑板	XB	过梁	GL	梁上柱	LZ
空心板	KB	连系梁	LL	构造柱	GZ
槽形板	CB	基础梁	JL	框架柱	KZ
折板	ZB	楼梯梁	TL	框支柱	KZZ
密肋板	MB	楼层框架梁	KL	剪力墙上柱	QZ
楼梯板	TB	屋面框架梁	WKL	梯	T
盖板或沟盖板	GB	框支梁	KZL	承台	CT
挡雨板或檐口板	YB	悬挑梁	XL	檩条	LT
吊车安全走道板	DB	井字梁	JZL	阳台	YT
墙板	QB	屋架	WJ	雨篷	YP
天沟板	TGB	托架	TJ	预埋件	M—
车挡	CD	天窗架	CJ	地沟	DG
梁垫	LD	框架	KJ	挡土墙	DQ
天窗端壁	TD	刚架	GJ	柱间支撑	ZC
非框架梁	L	支架	ZJ	垂直支撑	CC
屋面梁	WL	基础	J	水平支撑	SC
吊车梁	DL	设备基础	SJ	钢筋网	W
暗梁	AL	桩	ZH	钢筋骨架	G

8.1.4 结构施工图的读图方法

　　结构施工图的读图方法是，首先读文字说明；其次读基础平面图和基础构件详图；再次读楼层结构平面图和屋面结构平面图；最后读构件详图。各图样宜先读图名和文字说明，再读图中内容。读图时应注意以上步骤不是孤立的，需要经常进行联系阅读。对构件详图，宜先读图名，再读立面图、断面图，后看钢筋详图和钢筋表；应熟练掌握尺寸标注、图例符号等基本知识，了解该构件在房屋中的位置、作用、大小、构造、材料等内容。

知识链接

结构施工图的相关概念

　　(1) 建筑施工图主要反映房屋的平面布局、立面造型、内外装修等内容，可依此设计结构施工图。

　　(2) 结构施工图主要反映结构构件的布置和具体构造等内容。

(3) 结构施工图必须与建筑施工图密切配合。
(4) 结构施工图的读图与建筑施工图相似，先宏观后细部。

8.2 钢筋混凝土构件详图

8.2.1 钢筋混凝土的基础知识

1．钢筋混凝土结构简介

钢筋混凝土结构是最常见的房屋结构类型之一，其承重构件是由钢筋和混凝土两种材料组成的。

混凝土是由砂子(细骨料)、石子(粗骨料)、水泥和水按一定比例拌和硬化而成的一种人工石材，规范规定混凝土强度等级有 14 个：C15、C20、C25、C30、C35、C40、C45、C50、C55、C60、C65、C70、C75、C80。混凝土具有很高的抗压能力，但是抗拉能力很差，容易在受拉或受弯时断裂，如图 8.2(a)所示。为了提高混凝土构件的抗拉能力，通常在混凝土构件的受拉部位放置一定数量的钢筋，如图 8.2(b)所示。由于钢筋具有良好的抗拉能力，并且钢筋和混凝土具有良好的黏结力和相近的线膨胀系数，两者共同工作性能很好，因此形成了受力性能明显提高的钢筋混凝土结构构件。

钢筋混凝土结构构件有现浇和预制两种，前者指在建筑工地现场浇注，预制指在工厂先预制好，再运到现场进行吊装。为了进一步提高构件的抗拉能力和抗裂能力，在构件制作时，可以先将钢筋张拉，给构件施加一定的压力，形成预应力钢筋混凝土构件。

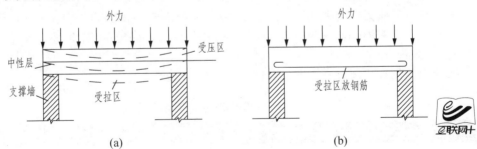

图 8.2　素混凝土梁与钢筋混凝土梁

(a) 素混凝土梁；(b) 钢筋混凝土梁

2．钢筋的分类和作用

如图 8.3 所示，配置在钢筋混凝土构件中的钢筋，按其受力和作用的不同可以分为如下几类。

(1) 受力筋。主要承受拉、压应力的钢筋,以受拉应力为主;在受弯或偏心受压构件中,也承受压应力。受力筋分为直筋和弯筋。受力筋的配置必须根据受力计算决定。

(2) 箍筋。也称钢箍,主要用于固定受力筋的位置,并能承受一部分的剪应力;多用于梁和柱内。

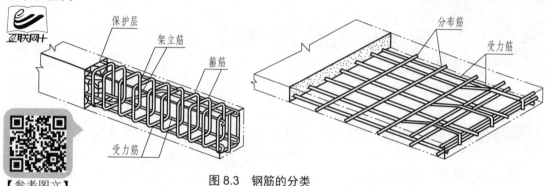

图 8.3 钢筋的分类

(3) 架立筋。用于固定梁内受力筋和箍筋的位置,形成梁内的钢筋骨架;多用于梁上部。

(4) 分布筋。用于楼板、屋面板等板内,与板的受力筋垂直布置,可将承受的重量均匀地传给受力筋,并固定受力筋的位置;也可承担混凝土收缩时的收缩应力和温度变化时的温度应力。

(5) 其他钢筋。指因构件构造要求或施工安装需要而配置的构造钢筋,如吊环、腰筋、预埋的锚固筋等。

3. 钢筋的种类、级别和代号

根据生产加工方法的不同,钢筋可以分为热轧钢筋、热处理钢筋、冷拉钢筋,其中,热轧钢筋常用于钢筋混凝土结构中的钢筋和预应力结构中的非预应力钢筋,又称普通钢筋。普通钢筋的种类、级别和符号见表 8-2。

纵向受力普通钢筋宜采用 HRB400、HRB500、HRBF400、HRBF500 钢筋,也可采用 HPB300、HRB335、HRBF335、RRB400 钢筋。

梁、柱纵向受力普通钢筋应采用 HRB400、HRB500、HRBF400、HRBF500 钢筋。

箍筋宜采用 HRB400、HRBF400、HPB300、HRB500、HRBF500 钢筋,也可采用 HRB335、HRBF335 钢筋。

预应力钢筋宜采用预应力钢丝、钢绞线和预应力螺纹钢筋。

表 8-2 普通钢筋种类、级别和符号

种 类		符 号	公称直径 d/mm	屈服强度标准值 f_{yk}/MPa
热轧钢筋	HPB300	Φ	6~22	300
	HRB335 HRBF335	$Φ$ $Φ^F$	6~50	335
	HRB400 HRBF400 RRB400	$Φ$ $Φ^F$ $Φ^R$	6~50	400
	HRB500 HRBF500	$Φ$ $Φ^F$	6~50	500

4. 钢筋的弯钩

当受力钢筋为光圆钢筋时,为了增强钢筋和混凝土的黏结力,避免钢筋在受拉时滑动,钢筋两端要做成弯钩。钢筋端部的弯钩有直弯钩和半圆弯钩两种形式,如图 8.4 所示。

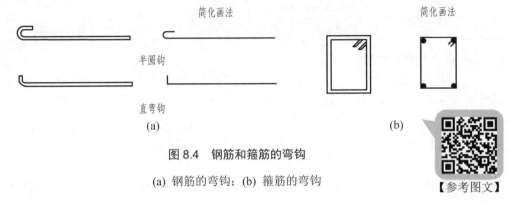

图 8.4 钢筋和箍筋的弯钩

(a) 钢筋的弯钩;(b) 箍筋的弯钩

5. 钢筋的保护层

为了防止钢筋锈蚀,增强钢筋和混凝土的黏结力,构件内的钢筋应留有一定厚度的保护层。混凝土结构设计规范规定,构件中受力钢筋的保护层厚度不应小于钢筋的公称直径;设计年限为 50 年的混凝土结构,最外层钢筋的保护层厚度应符合表 8-3 的规定,其中环境类别见表 8-4;设计年限为 100 年的混凝土结构,最外层钢筋的保护层厚度不应小于表 8-3 中数值的 1.4 倍。

表 8-3 混凝土保护层的最小厚度　　　　　　　　　　　　　　　单位:mm

环境类别	板、墙、壳	梁、柱、杆
一	15	20
二 a	20	25
二 b	25	35
三 a	30	40
三 b	40	50

当混凝土强度等级不大于 C25 时,表中保护层厚度数值应增加 5mm。钢筋混凝土基础宜设置混凝土垫层,基础中钢筋的混凝土保护层厚度应从垫层顶面算起,且不应小于 40mm。

表 8-4 混凝土结构的环境类别

环境类别	条　件
一	室内干燥环境,无侵蚀性静水浸没环境
二 a	室内潮湿环境,非严寒和非寒冷地区露天环境, 非严寒和非寒冷地区与无侵蚀性的水或土壤直接接触的环境, 严寒和寒冷地区的冰冻线以下与无侵蚀性的水或土壤直接接触的环境
二 b	干湿交替环境,水位频繁变动环境, 严寒和寒冷地区露天环境, 严寒和寒冷地区的冰冻线以上与无侵蚀性的水或土壤直接接触的环境

续表

环 境 类 别	条 件
三 a	严寒和寒冷地区冬季水位变动区环境，受除冰盐影响环境，海风环境
三 b	盐渍土环境，受除冰盐作用环境，海岸环境

6．钢筋的表示方法和标注

对于钢筋混凝土构件，为了准确施工，应该在图样上表示出构件的形状尺寸、钢筋的配置情况，其中，钢筋的种类、等级、数量、直径、形状、尺寸、间距都要表达清楚。一般通过配筋图来表示。假设混凝土是透明的，即可透过混凝土看到构件内部的钢筋，就可以在图样上画出构件内部钢筋的配置情况，这种图样即为配筋图。

1) 钢筋的表示方法

在配筋图中，为了突出钢筋，混凝土的材料图例不用标出，构件轮廓线用细实线画出，被剖到的钢筋用黑圆点表示，未剖到的钢筋用粗实线画出。一般钢筋的具体表示方法见表 8-5。

表 8-5　一般钢筋的具体表示方法

序号	名　　称	图　　例	说　　明
1	钢筋横断面	●	
2	无弯钩的钢筋端部		下图表示长短钢筋投影重叠时，短钢筋的端部用45°斜线画出
3	带直钩的钢筋端部		
4	带丝扣的钢筋端部		
5	带半圆弯钩的钢筋端部		
6	无弯钩的钢筋搭接		
7	带直钩的钢筋搭接		
8	带半圆弯钩的钢筋搭接	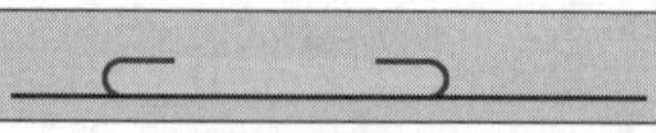	
9	花篮螺丝钢筋搭接	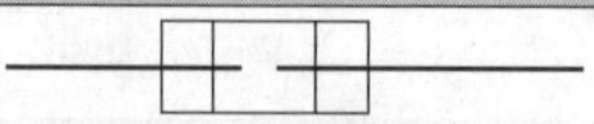	
10	机械连接钢筋接头	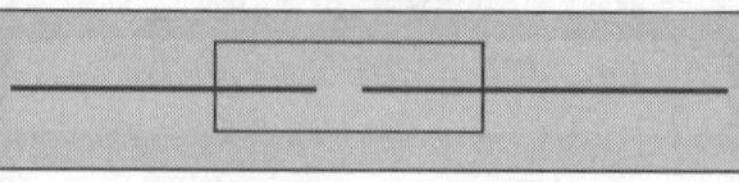	用文字说明机械连接的方式(或冷挤压或锥螺纹)
11	结构平面图中配双层钢筋时，底层钢筋的弯钩应向左或向上，顶层钢筋的弯钩应向右或向下	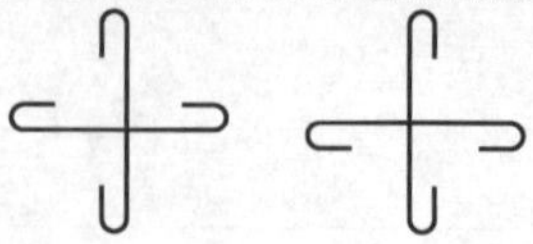 底层钢筋　　顶层钢筋	

续表

序号	名 称	图 例	说 明
12	钢筋混凝土墙体配双层钢筋时,在配筋立面图上,远面钢筋的弯钩应向左或向上,近面钢筋的弯钩应向右或向下(JM近面,YM远面)	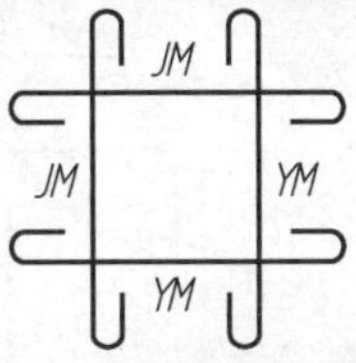	
13	如在断面图中不能表达清楚钢筋布置,应在断面图外增加钢筋大样图(如钢筋混凝土墙、楼梯等)	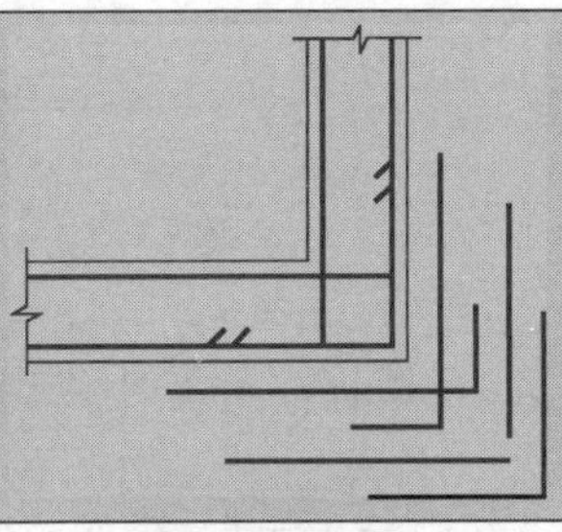	
14	图中的箍筋、环筋等若布置复杂,应加钢筋大样图及文字说明	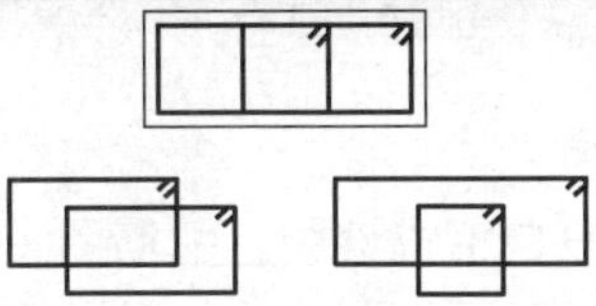	

2) 钢筋的标注方法

钢筋的标注一般用引出线方式,具体如下。

(1) 标注钢筋的根数、级别和直径时,如下所示。

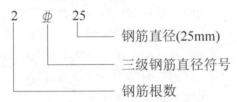

(2) 标注钢筋的级别、直径及相邻钢筋的间距时,如下所示。

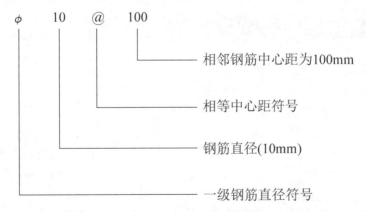

(3) 钢筋的编号。构件中的钢筋,凡等级、直径、形状、长度等要素不同的,一般均应编号,并将数字写在 6mm 的细实线圆中,且将编号圆绘在引出线的端部,如图 8.5 所示。

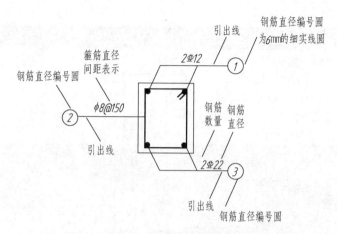

图 8.5　钢筋的标注方法

8.2.2　钢筋混凝土构件详图的内容和图示特点

1. 内容

钢筋混凝土构件详图一般包括模板图、配筋图、钢筋表和预埋件详图。配筋图是其中十分重要的图样，包括立面图、断面图和钢筋详图，主要用来表示构件内部的钢筋布置、钢筋形状、直径大小、数量和规格。模板图只用于较复杂的构件，便于模板的制作和安装。

2. 图示特点

构件的立面图和断面图主要用来表示内部钢筋的布置情况，轮廓线用细实线，在立面图上用粗实线表示钢筋，在断面图上用黑圆点表示钢筋。箍筋用中粗线表示，轮廓内不再画材料图例。为了清楚地表示出构件的立面图和断面图，假设构件是透明的，即可在立面图上看到钢筋的立面形状和上下布置情况；在断面图上看到钢筋的上下布置情况，箍筋的形状及与其他钢筋的关系。一般在构件断面形状或钢筋数量、位置有变化之处，均应画出断面图，通常在支座和跨中应做出剖切，并在立面图上标出剖切位置线。立面图和断面图上都应标出钢筋编号、数量、直径和间距，并且应保持一致。

8.2.3　钢筋混凝土梁、柱的结构详图

1. 钢筋混凝土梁的结构详图

下面以钢筋混凝土梁为例，详细介绍梁结构详图的内容和识读。

梁结构详图的传统表示法是画出梁的立面图和断面图。如图 8.6 所示即为某钢筋混凝土承重梁的立面图和断面图，梁的两端搁置在砖墙上。梁的下部配置三根直径为 18mm 的一级受力钢筋，以承受下面的拉应力，所以在跨中 1—1 断面的下部有三个黑圆点；支座处 2—2 断面上部有三个黑圆点，其中间的一根钢筋是梁跨中下部中间的那根钢筋在梁支座处弯起后出现的，称为弯起钢筋。梁的上部配置有两根直径为 10mm 的架立钢筋，梁上也配置有箍筋，图上显示为方框，选用直径为 6mm 的一级钢筋，间距为 200mm。

为了便于统计用料、编制施工预算，应同时附出构件的钢筋用量表，说明构件的名称、

数量、钢筋规格、简图、数量和直径等内容,表 8-6 即为图 8.6 中梁的钢筋统计。钢筋表中钢筋的长度是很重要的一个内容,应注意当计算时,钢筋长度要减去两端的保护层厚度;180 度弯钩长度取为 6.25 倍的钢筋直径。如②号钢筋长度的计算为,钢筋中部长(3840－50)mm＝3790mm,两端弯钩长分别为 6.25mm×10＝62.5mm,取为 63mm,所以②号钢筋的总长度为(3790＋63＋63)mm＝3916mm。另外,需要注意弯起钢筋的弯起角度为 45°,钢筋竖向长为(550－50)mm＝500mm,由此可以算出弯起段的长度为 707mm。其他计算同②号钢筋。

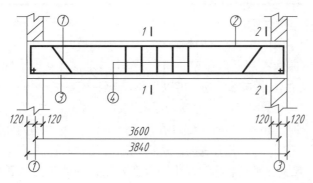

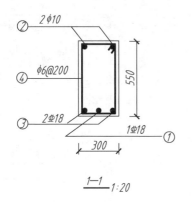

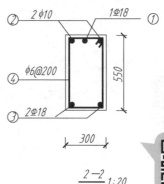

图 8.6　钢筋混凝土梁结构详图

【参考视频】

表 8-6　钢筋表

编号	简　　图	直径/mm	长度/mm	根数	备注
①	2190　707　300　500	⌀18	5204	1	
②	63　3790　63	φ10	3916	2	
③	3790	⌀18	3790	2	

续表

编号	简　图	直径/mm	长度/mm	根数	备注
④	300 / 500 / 500 / 250	φ6	1600	20	

2．钢筋混凝土柱的结构详图

下面以钢筋混凝土柱为例，详细介绍柱详图的内容和识读。

图 8.7 为现浇钢筋混凝土柱的立面图和断面图。图中显示该柱从地下标高为－0.05m 处起到顶层标高为 14.2m 处的立面布筋情况。可以看出，该柱为正方形断面，边长为 300mm，受力筋有三种布置。在 1—1 断面处，受力筋为四根直径为 18mm 的三级钢筋；在 2—2 断面处，受力筋为四根直径为 22mm 的三级钢筋；在 3—3 断面处，受力筋为四根直径为 25mm 的三级钢筋；越向下部，由于柱子受力越大，所需钢筋的受力面积就越大。箍筋均用直径为 10mm 的一级钢筋，由于中部与端部情况不同，在各段柱的端部箍筋需要加密，间距为 100mm，在各段柱的中部箍筋不需要加密，间距为 200mm，图中用钢筋分布线来表示箍筋的分布范围。柱的立面图一般用 1∶50、1∶30、1∶20 的比例画出，断面图一般用 1∶10、1∶20 的比例画出。配筋图的线型与梁相同。

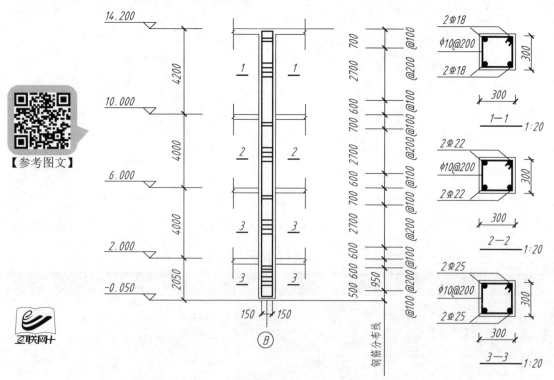

图 8.7　钢筋混凝土柱结构详图

8.2.4 钢筋混凝土构件平法的内容和图示特点

1．平面整体表示法

钢筋混凝土构件的传统表示如图 8.6 和图 8.7 所示，十分麻烦；而当结构构件较多时，更加烦琐。因此，住房和城乡建设部于 2006 年实施了《混凝土结构施工图平面整体表示方法制图规则和构造详图》，已在建筑设计和制图中得到了广泛应用。现在正在使用的 2016 年 9 月实行的平面整体表示法系列图集。

平面整体表示法简称"平法"。平法把结构构件的截面形式、尺寸、配筋等情况直接表达在构件的结构平面布置图上，再与相应的"结构设计总说明"和相关"标准构造详图及说明"配合使用，构成一套完整的施工图。平法表示图面简洁、清楚、直观，图样数量少，改变了传统的将构件从结构平面布置图中索引出来，再逐个绘制详图的烦琐方法，深受设计和施工人员欢迎。

平法制图规则有平面注写方式(标注梁)、列表注写方式(标注柱和剪力墙)和截面注写方式(标注梁、柱和剪力墙)三种。由于后两种方法与传统注写方式类似，下面以梁为例，简介其表示方法。平法中其他构件及其他表示方法，可以参阅国家标准图集 16G101—1《现浇混凝土框架、剪力墙、梁、板》、16G101—2《现浇混凝土板式楼梯》、16G101—3《独立基础、条形基础、筏形基础、桩基础》。

平面注写方式包括集中标注和原位标注两部分。集中标注表达梁的通用数值，原位标注表达梁的特殊数值。当集中标注中的某项数值不适合梁的某部位时，可将该项数值原位标注，施工时，原位标注取值优先。

2．梁集中标注的内容

梁集中标注的内容，有五项必注值和一项选注值(集中标注可以从梁的任意一跨引出)，规定如下。

1) 梁编号，必注(见表 8-7)

表 8-7 梁编号

梁 类 型	代 号	序 号	跨数及是否带有悬挑
楼层框架梁	KL	××	(××)、(××A)或(××B)
楼层框架扁梁	KBL	××	(××)、(××A)或(××B)
屋面框架梁	WKL	××	(××)、(××A)或(××B)
框支梁	KZL	××	(××)、(××A)或(××B)
托柱转换梁	TZL	××	(××)、(××A)或(××B)
非框架梁	L	××	(××)、(××A)或(××B)
悬挑梁	XL	××	(××)、(××A)或(××B)
井字梁	JZL	××	(××)、(××A)或(××B)

注：1. (××A)为一端有悬挑，(××B)为两端有悬挑，悬挑不计入跨数。
例：KL7(5A)为 7 号框架梁，5 跨，一端有悬挑；WKL8(4B)为 8 号屋面框架梁，4 跨，两端有悬挑。
2. 非框架梁、井字梁表示端支座为铰接；当非框架梁、井字梁端支座上部纵筋为充分利用钢筋的抗拉强度时，在梁代号后加"g"。
例：Lg7(5)表示第 7 号非框架梁，5 跨，端支座上部纵筋为充分利用钢筋的抗拉强度。

2) 梁截面尺寸，必注

当为等截面梁时，用 $b×h$ 表示；当有悬挑梁且根部和端部高度不同时，用斜线分隔根部和端部的高度值，即为 $b×h_1/h_2$，前为根部值，后为端部值。

当为竖向加腋梁时，用 $b×h\mathrm{Y}c_1×c_2$ 表示，其中 c_1 为腋长，c_2 为腋高；当为水平加腋梁时，用 $b×h\mathrm{PY}c_1×c_2$ 表示，其中 c_1 为腋长，c_2 为腋宽。

例如，300×700/500 表示悬挑梁，根部高度为 700mm，端部高度为 500mm；300×750Y500×250 表示竖向加腋梁，腋长为 500mm，腋高为 250mm。

3) 梁箍筋，必注

包括钢筋级别、直径、加密区与非加密区的间距及肢数。梁箍筋加密区与非加密区的间距、肢数用斜线分隔；当梁箍筋为同一种间距及肢数时，不需用斜线；当加密区与非加密区的箍筋肢数相同时，只注写一次；肢数应写在括号中。加密区的范围见相应抗震级别的标准构造详图。

例如，ϕ(直径符号)10@100/200(4)表示 HPB300 钢筋，直径为 10mm，加密区间距为 100mm，非加密区间距为 200mm，均为四肢箍；ϕ8@100(4)/200(2)表示 HPB300 钢筋，直径为 8mm，加密区间距为 100mm，为四肢箍；非加密区间距为 200mm，为双肢箍。

非框架梁、悬挑梁、井字梁采用不同的箍筋间距及肢数时，也用斜线将其分割开来。注写时，先注写梁支座端部的钢筋(包括箍筋的箍数、钢筋级别、直径、间距、肢数)，在斜线后注写梁跨中部分的箍筋间距及肢数。

例，13ϕ10@100/200(4)表示箍筋为 HPB300 钢筋，直径为 10mm，梁的两端各有 13 个四肢箍，间距为 100mm；梁跨中部分的箍筋间距为 200mm，也为四肢箍。

4) 梁上部通长筋或架立筋配置，必注

当同排纵筋中既有通长筋又有架立筋时，用加号(＋)相连。注写时将角部纵筋写在加号前面，架立筋写在加号后面的括号中；全部采用架立筋，将其写在括号里。

例如，2Φ22 表示梁上部配置两根直径为 22mm 的三级通长钢筋；2Φ22＋(4ϕ12)表示梁上部配置两种直径的钢筋，其中角部有两根直径为 22mm 的三级通长钢筋，中部有四根直径为 12mm 的一级架立钢筋。

当上下纵筋全跨相同，且多数跨配筋相同时，此项可加注下部纵筋的配筋值，用分号(;)隔开。

例如，3Φ22;3Φ20 表示上下纵筋全跨相同，表示梁上部配置有三根通长直径为 22mm 的三级通长钢筋；梁下部配置有三根直径为 20mm 的三级通长钢筋。

5) 梁侧面纵向构造钢筋或受扭钢筋配置，必注

梁腹板高度不小于 450mm 时，须配置纵向构造钢筋，以大写字母 G 开头，然后注写梁两侧面的总配筋值，且为对称配置。当梁侧面需配置受扭钢筋时，以大写字母 N 开头，然后注写梁两侧面的总配筋值，且为对称配置。受扭钢筋应满足纵向构造钢筋的间距要求，且不再配置纵向构造钢筋。

G4φ12 表示梁两侧面共配置四根φ12 的构造钢筋，每侧各配置两根。N4⌽22 表示梁两侧面共配置四根⌽22 的受扭钢筋，每侧各配置两根。

6) 梁顶面标高高差(该项为选注值)

梁顶面标高高差指梁顶面相对于结构层楼面标高的高度差，对于位于结构夹层的梁，指相对于结构夹层楼面标高的高度差。有高差时，写入括号内，无高差时不注。当某梁的顶面高于所在结构的楼面标高时，其标高高差为正值，反之为负值。

例如，某结构标准层的楼面标高为 44.950m 和 48.250m，当某梁的梁顶面标高高差注写为(−0.050)时，即表明该梁顶面标高分别相对于 44.950m 和 48.250m 低 0.050m。

3．梁原位标注

梁原位标注的内容规定如下。

1) 梁支座上部纵筋

含通长筋在内的所有纵筋规定如下：

(1) 当上部纵筋多于一排时，用斜线(/)将各排纵筋自上而下分开。

例如，梁支座上部纵筋注写为 6⌽25 4/2，表示上排纵筋为 4 根，下排为 2 根，均为⌽25 三级钢筋。

(2) 当同排纵筋有两种直径时，用加号(+)将两种直径的纵筋相连，且将角部钢筋写在前面。

例如，梁支座上部纵筋注写为 2⌽25+2⌽22，表示上排纵筋为 4 根，角部 2 根，为三级钢，直径为 25mm，中部 2 根，为三级钢，直径为 22mm。

(3) 当梁中间支座两边的上部纵筋不同时，应在支座两面分别标注；当梁中间支座两面的上部纵筋相同时，可仅在支座一边标注配筋，另一边省去不注。

2) 梁下部纵筋

规定如下：

(1) 当下部纵筋多于一排时，用斜线(/)将各排纵筋自上而下分开。

例如，梁支座下部纵筋注写为 6⌽25 2/4，表示上排纵筋为 2 根，下排为 4 根，均为三级钢筋，并且全伸入支座。

(2) 当同排纵筋有两种直径时，用加号(+)将两种直径的纵筋相连，且将角部钢筋写在前面。

(3) 当梁下部纵筋不全伸入支座时，将梁支座下部纵筋减少的数量写在括号中；如果全部伸入支座，则不需再加括号。

例如，梁下部纵筋注写为 6⌽25 2(−2)4，表示下部配置 6 根钢筋，直径为 25mm，均为三级钢筋；上排纵筋为 2 根，不伸入支座，下排为 4 根，全部伸入支座。

梁下部纵筋注写为 2⌽25+2⌽22(−2)/5⌽25，表示上排纵筋有 4 根，均为三级钢，其中直径为 22mm 的两根不伸入支座；下排纵筋有 5 根，也均为三级钢，全部伸入支座。

(4) 当梁的集中标注已经注写在了梁上、下通长纵筋时，不需在梁下部重复做原位标注。

3) 附加箍筋或吊筋

将其直接画在平面图中的主梁上,用线引注总配筋值(附加箍筋的肢数标注在括号中),当多数附加箍筋或吊筋相同时,可在梁平法施工图上统一注明,少数和统一注明值不同时,再原位引注。

4. 梁平标法示例

下面以一根两跨钢筋混凝土框架梁为例,如图 8.8 所示,说明梁平标法的具体应用:

(1) KL2(2) 300×500。表示这是一根框架梁,编号为 2,共有两跨(括号内数字),梁截面尺寸为 300×500。

(2) $\phi 8@100/200(2)\ 2\Phi 25$。表示箍筋直径为 8mm,一级钢筋,加密区间距为 100mm,非加密区间距为 200mm,均为双肢箍。$2\Phi 25$ 表示梁的上部配有 2 根直径为 25mm 的三级钢筋,且为贯通筋。

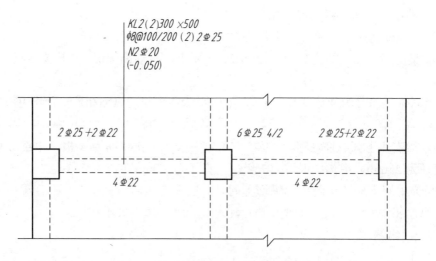

图 8.8 钢筋混凝土梁平面注写方式示例

(3) $N2\Phi 20$。表示梁两侧共配置两根受扭钢筋,每侧配置一根直径为 20mm,为三级钢。

(4) (−0.050)为选注内容。表示梁顶面标高相对于结构层楼面标高的高度差,应写在括号中。当梁顶面标高高于结构层楼面标高时,高差为正,反之为负。此处表示该梁顶面标高比结构层楼面标高低 0.05m。

(5) $2\Phi 25+2\Phi 22$。表示该处放置了集中标注的两根直径为 25mm 的上部角部通长钢筋,还在上部中间放置了两根直径为 22mm 的钢筋。

(6) $6\Phi 25\ 4/2$。表示中部支座上部钢筋有两排,上部 4 根,且有两根是原位标注的通长筋;下部 2 根,全部伸入支座。

(7) $4\Phi 22$。表示两跨梁的底部都配有 4 根直径为 22mm 的三级通长钢筋(全伸入支座)。

8.3 基础图

8.3.1 基础的有关知识

基础是建筑物与土层直接接触的部分,承受着建筑物所有的上部荷载并传至地基,是建筑物的一个重要组成部分。地基是基础下面的土层,承受着基础传来的全部建筑物荷载。基坑是为了基础施工而在地面挖出的土坑,基坑底面即基础底面,从室外地面到基础底面的高度称为基础的埋置深度。基础的形式与上部结构特点、荷载大小、地基的承载力有关,一般有条形基础、独立基础、箱形基础、桩基础等形式,如图 8.9 所示。

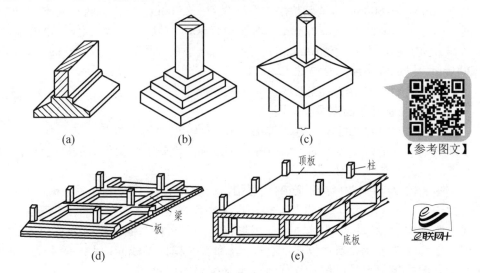

图 8.9 常见的基础类型

(a) 条形基础; (b) 阶梯形独立基础; (c) 现浇坡形独立基础; (d) 筏形基础; (e) 箱形基础

基础图是表示建筑物室内地面以下基础部分的平面布置和详细构造的图样,它是施工放线、挖基槽和砌筑基础的依据。基础图通常包括基础平面图和基础详图。

8.3.2 基础平面图

1. 图示方法及内容

基础平面图是假设用一个水平面在房屋底层室内地面下方与基础之间将建筑物剖开,移去上面部分和周围泥土向下投影所作出的水平投影图。基础平面图主要表达剖切到的墙、柱、基础梁及可见的基础轮廓。

基础平面图的主要内容如下。
(1) 图名、比例、纵横定位轴线及其编号。
(2) 基础平面布置，包括基础墙、柱、底面的形状大小及其与轴线的关系。
(3) 基础梁的代号和位置。
(4) 断面图的剖切位置线及编号。
(5) 施工说明等。

2．条形基础平面图及其详图

图 8.10 为某宿舍楼钢筋混凝土条形基础平面图，图中横向轴线有 18 根，用阿拉伯数字表示；纵向轴线有 5 根，用大写字母表示。中粗线表示基坑的水平投影，基坑宽度及其到轴线的距离可以在图中查到；粗实线表示基础梁的投影，梁有九种类型，配筋用平法表示；涂黑的方块、圆块为钢筋混凝土柱。

图 8.11 为条形基础两种断面图。由图中可知 1—1 断面基础垫层为素混凝土，高 100mm，宽 3400mm；基础垫层顶面标高为－3.700m；基础底板配有直径为 16mm 的二级钢筋，在下层，间距为 150mm，为受力筋；还配有直径为 8mm 的一级钢筋，在上层，间距为 250mm，为分布筋。±0.000 以下隔墙位置为 2—2 断面，选用墙下条形基础，基础垫层为素混凝土，高 100mm，宽 600mm，基础垫层顶面标高为－3.700m；垫层上面是大放脚，共三层，上下两层高为 120mm，中间高 60mm，均外伸 60mm；然后在 24 墙上作一个圈梁，断面为 240×240，内配 4 根直径为 10mm 的一级钢筋，箍筋选用直径为 6mm 的一级钢筋，间距为 200mm，以加强房屋的整体性。

基础梁配筋用梁平标法表示。

3．独立基础平面图及其详图

独立基础设置在柱子下方，常在使用排架、框架结构的工业与民用建筑中应用；通过独立基础可以把柱子传来的上部荷载传到下部的地基上。由于一般情况下柱子基础是独立布置的，故称独立基础。

图 8.12 为某工业厂房的基础平面图，绘图比例为 1∶200，图中横向轴线有九根，用阿拉伯数字表示；纵向轴线有 4 根，用大写字母表示。图中方框表示独立基础的外轮廓线，即基坑边线，用中粗线表示；矩形钢筋混凝土柱断面用粗线表示。基础类型有两种，用 J-1 和 J-2 表示，其中 J-1 有 18 个，布置在横向轴线间；J-2 有 4 个，布置在纵向轴线间。图中粗单点长画线加注代号表示基础梁的位置。

图 8.13 为独立基础 J-1 的详图，比例为 1∶40。详图由立面图和断面图表示，立面图中一半绘出了基础 J-1 的外形轮廓线，另一半绘出了内部钢筋的配置情况，左右部分用对称符号分开。基础底板配有两排钢筋，两端带弯钩，直径相等。钢筋下设置有保护层，厚为 40mm，一般不标出。基础垫层为素混凝土，高 100mm，宽 3800mm，一般只在剖面图中表示，可以更好地保护基础。基础垫层顶面标高为－1850mm。平面图用局部剖切方式表示基础的网状配筋。结合两图，可以看出，主要受力钢筋有三种，①号、②号直径均为 10mm，间距 400mm，但长短不同，在底板处交替布置。③号直径也为 10mm，间距 200mm，垂直①号、②号布置，构成了钢筋网格。基础尺寸及阶梯细部尺寸在平面图上也均有反映。

图 8.14 为图 8.10 中圆柱下独立基础 J-1 和 J-2 的详图，读图方法同图 8.13，注意基础细部尺寸和配筋信息。

第 8 章 结构施工图

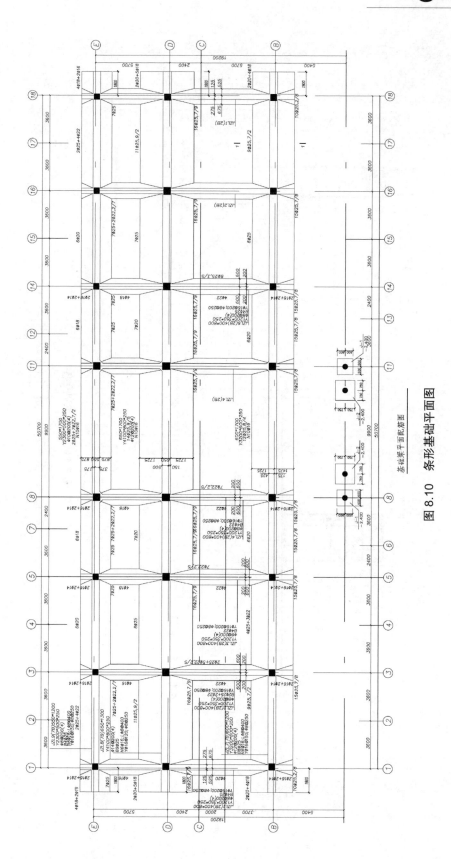

图 8.10 条形基础平面图

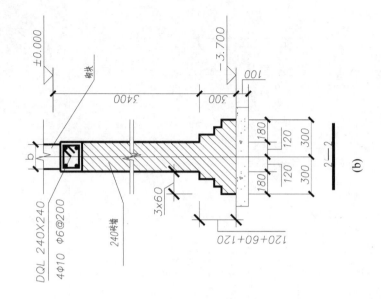
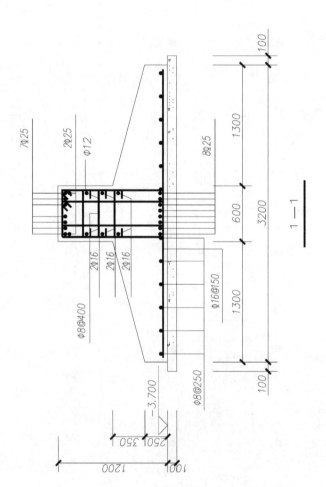

图 8.11 条形基础详图

(a) 钢筋混凝土条形基础；(b) 墙下砖条形基础

第8章 结构施工图

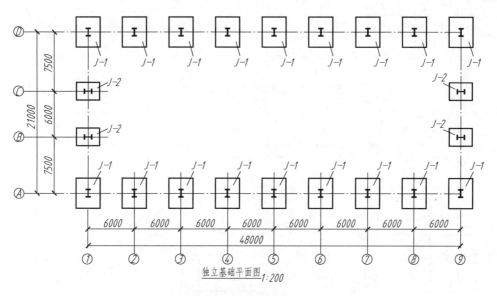

图 8.12 独立基础平面图

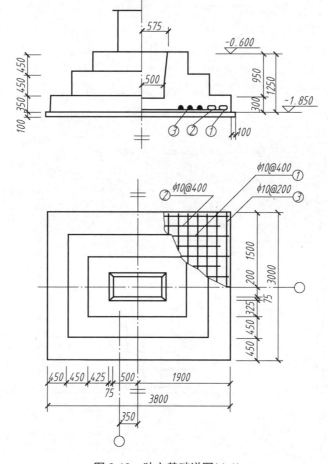

图 8.13 独立基础详图(J-1)

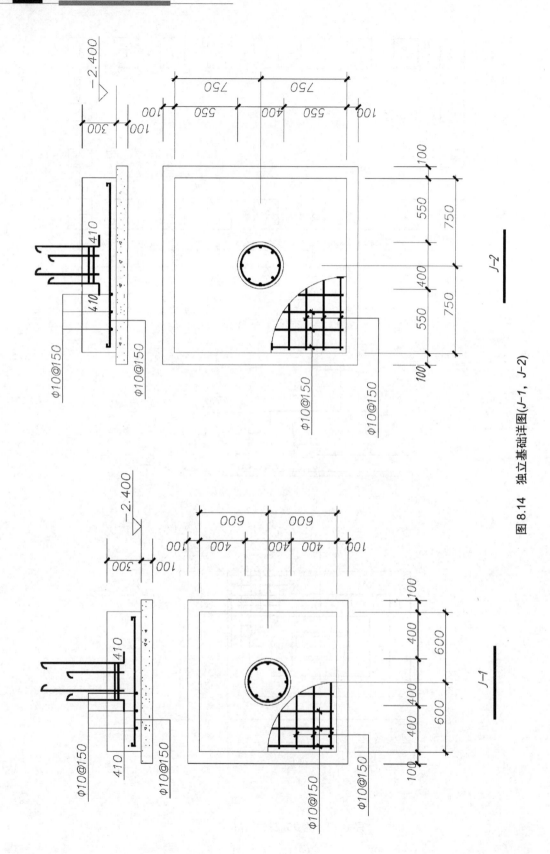

图 8.14 独立基础详图(J-1, J-2)

8.4 楼层、屋面结构平面图

8.4.1 楼层结构平面布置图的形成及作用

楼层结构平面布置图也称楼层结构平面图，是假设用一个紧贴楼板上方的水平面剖切建筑后所得的水平剖面图。楼层结构平面图可以表达楼面板及其下方的梁、板、墙、柱等承重构件的平面布置，现浇楼板的构造和配筋，以及其关系。楼层结构平面图是施工各种结构构件的重要依据。

8.4.2 楼层结构平面布置图的组成

楼层结构平面布置图主要包括以下各种图样。
(1) 建筑物各层结构平面图。
(2) 各节点的截面详图。
(3) 构件统计表、钢筋表及相关文字说明。

对多层房屋，一般应分层绘制，如果各层构件的类型、大小、数量、布置均相同，则可以只画标准层的楼层结构平面图。如果平面对称，也可以一半画楼层结构平面图，一半画屋面结构平面图。楼梯间或电梯间因另有详图，在平面图上常用一对相交对角线(细实线)表示。

8.4.3 楼层结构平面布置图实例

图 8.15 是某学校公寓楼的局部，下面以此为例，说明楼层结构平面图的识读方法。

(1) 看图名、比例和各轴线编号，从而明确承重墙、柱的平面关系。该图为一层结构平面图，比例为 1∶100，水平向轴线有 17 个，竖直向轴线有 9 个。图中纵横墙交接处涂黑的小方块表示被剖到的构造柱，用 GZ 表示，共有四种类型。

(2) 看各种楼板、梁的平面布置，以及类型和数量等。该图中楼板有预制和现浇两种。

图中预制板由于各个房间的开间和进深大小不同，分为 A、B、C、D、E 五种，每种情况只需详细画出一处，其他仅用代号注明即可。预制板的铺设标注含义如下，如 A 型号的具体铺设为，3YKB3653 表示此处用 3 块预制空心板，板长 3600mm，板宽 500mm，荷载等级为三级。其他类似。

现浇板的钢筋配置采用直接画出的方法。其中底层钢筋弯钩向上或向左，顶层钢筋弯钩向下或向右，一般一种类型只画一根，例如，③号钢筋类型为$\phi 10@200$，表示直径为10的钢筋每隔200mm布置一根。

楼层结构平面图由于比例较小，楼梯部分不能清楚表达出来，需要另画详图。

(3) 看构件详图及钢筋表和施工说明

总之，读图时要把握由粗到细，由整体到局部的原则，才能全面掌握图样，步步深入看清楚。

8.4.4 屋面结构平面布置图

1. 表达内容与图示要求

屋面结构平面布置图是主要表示屋面承重构件平面布置的图样，常见屋面结构形式有坡屋面和平屋面两种，其内容与图示要求跟楼层结构平面图基本相同。

2. 屋面结构平面布置图实例

图 8.16 是某学校公寓楼屋面结构平面布置图的局部，该屋面为平屋面，绘图比例为1∶100。由图可知，其楼板布置方式与楼层结构平面布置方式基本相同，但由于屋面荷载与其他层不同，个别配筋与楼板选取有差别。

下面附一框架办公楼的结构施工图，要求利用本章所学知识进行识图练习，了解该工程各构件、各平面的配筋情况和截面信息，见附图14～附图24。

第8章 结构施工图

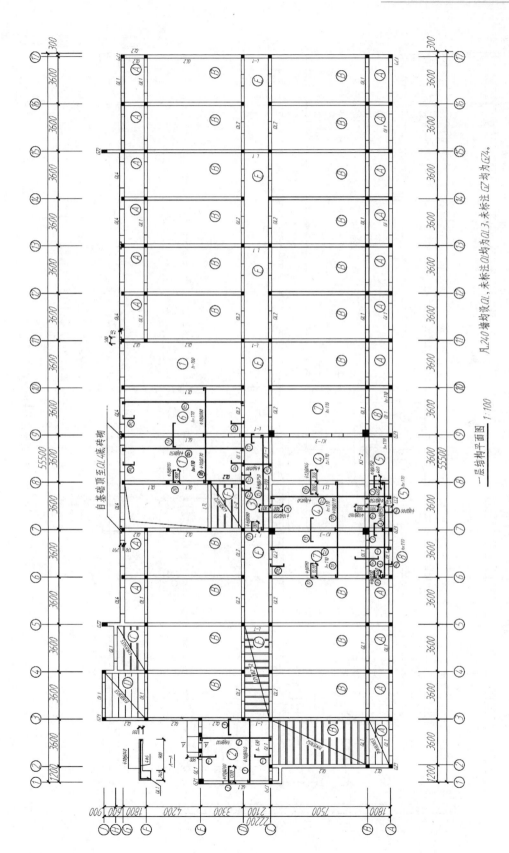

图 8.15 一层结构平面图

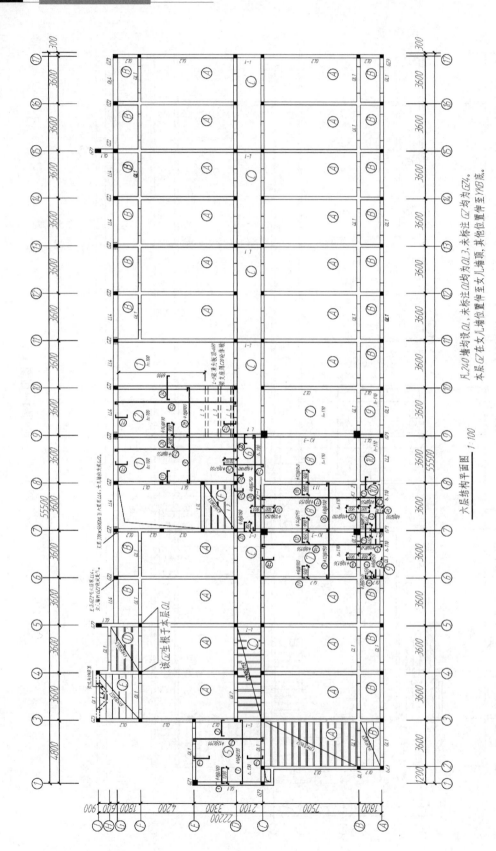

图 8.16 六层(屋面)结构平面图

 **特别提示**

结构平面布置图有楼层结构平面布置图和屋面结构平面布置图,主要表示各种构件的平面布置关系。其中,楼板有现浇和预制两种情况,注意区分。

应注意读图顺序,先把握整体,再熟悉局部,完全读懂一幅结构布置图。

小 结

本章主要介绍了结构施工图的形成、内容、构件代号、读法等基本知识,通过本章的学习,要求掌握如下内容。

(1) 钢筋混凝土构件详图。梁、柱的表示与读法。掌握传统方法与平标法两种方法。

(2) 基础图。掌握独立基础与条形基础的平面图表示与详图内容。

(3) 楼层、屋面结构平面图。掌握梁、柱、板等构件的位置关系,尤其注意板(现浇、预制)的表示。

【在线答题】

参考文献

[1] 莫章金，毛家华. 建筑工程制图与识图[M]. 3版. 北京：高等教育出版社，2013.

[2] 杨月英，施国盘. 建筑制图与识图[M]. 2版. 北京：中国建材工业出版社，2013.

[3] 苏小梅. 建筑制图[M]. 2版. 北京：机械工业出版社，2015.

[4] 张会平. 建筑制图与识图[M]. 郑州：郑州大学出版社，2006.

[5] 宋琦，赵景伟. 建筑工人识图100例[M]. 北京：化学工业出版社，2006.

[6] 何铭新. 建筑工程制图[M]. 5版. 北京：高等教育出版社，2013.

[7] 王强，吕淑珍. 建筑制图[M]. 北京：人民交通出版社，2007.

[8] 中华人民共和国住房和城乡建设部. GB/T 50001—2010 房屋建筑制图统一标准[S]. 北京：中国计划出版社，2011.

[9] 中华人民共和国住房和城乡建设部. GB/T 50103—2010 总图制图标准[S]. 北京：中国计划出版社，2011.

[10] 中华人民共和国住房和城乡建设部. GB/T 50104—2010 建筑制图标准[S]. 北京：中国计划出版社，2011.

[11] 中华人民共和国住房和城乡建设部. GB/T 50105—2010 建筑结构制图标准[S]. 北京：中国计划出版社，2011.

北京大学出版社高职高专土建系列教材书目

序号	书　名	书　号	编著者	定价	出版时间	配套情况
	"互联网+"创新规划教材					
1	建筑构造(第二版)	978-7-301-26480-5	肖　芳	42.00	2016.1	ppt/APP/二维码
2	建筑装饰构造(第二版)	978-7-301-26572-7	赵志文等	39.50	2016.1	ppt/二维码
3	建筑工程概论	978-7-301-25934-4	申淑荣等	40.00	2015.8	ppt/二维码
4	市政管道工程施工	978-7-301-26629-8	雷彩虹	46.00	2016.5	ppt/二维码
5	市政道路工程施工	978-7-301-26632-8	张雪丽	49.00	2016.5	ppt/二维码
6	建筑三维平法结构图集	978-7-301-27168-1	傅华夏	65.00	2016.8	APP
7	建筑三维平法结构识图教程	978-7-301-27177-3	傅华夏	65.00	2016.8	APP
8	建筑工程制图与识图(第2版)	978-7-301-24408-1	白丽红	34.00	2016.8	APP/二维码
9	建筑设备基础知识与识图(第2版)	978-7-301-24586-6	靳慧征等	47.00	2016.8	二维码
10	建筑结构基础与识图	978-7-301-27215-2	周　晖	58.00	2016.9	APP/二维码
11	建筑构造与识图	978-7-301-27838-3	孙　伟	40.00	2017.1	APP/二维码
12	建筑工程施工技术(第三版)	978-7-301-27675-4	钟汉华等	66.00	2016.11	APP/二维码
13	工程建设监理案例分析教程(第二版)	978-7-301-27864-2	刘志麟等	50.00	2017.1	ppt
14	建筑工程质量与安全管理(第二版)	978-7-301-27219-0	郑　伟	55.00	2016.8	ppt/二维码
15	建筑工程计量与计价——透过案例学造价(第2版)	978-7-301-23852-3	张　强	59.00	2014.4	ppt
16	城乡规划原理与设计(原城市规划原理与设计)	978-7-301-27771-3	谭婧婧等	43.00	2017.1	ppt/素材
17	建筑工程计量与计价	978-7-301-27866-6	吴育萍等	49.00	2017.1	ppt/二维码
18	建筑工程计量与计价(第3版)	978-7-301-25344-1	肖明和等	65.00	2017.1	APP/二维码
19	市政工程计量与计价(第三版)	978-7-301-27983-0	郭良娟等	59.00	2017.2	ppt/二维码
20	高层建筑施工	978-7-301-28232-8	吴俊臣	65.00	2017.4	ppt/答案
21	建筑施工机械(第二版)	978-7-301-28247-2	吴志强等	35.00	2017.5	ppt/答案
22	市政工程概论	978-7-301-28260-1	郭　福等	46.00	2017.5	ppt/二维码
23	建筑工程测量(第二版)	978-7-301-28296-0	石　东等	51.00	2017.5	ppt/二维码
24	工程项目招投标与合同管理(第三版)	978-7-301-28439-1	周艳冬	44.00	2017.7	ppt/二维码
25	建筑制图(第三版)	978-7-301-28411-7	高丽荣	38.00	2017.7	ppt/APP/二维码
26	建筑制图习题集(第三版)	978-7-301-27897-0	高丽荣	35.00	2017.7	APP
	"十二五"职业教育国家规划教材					
1	★建筑工程应用文写作(第2版)	978-7-301-24480-7	赵立等	50.00	2014.8	ppt
2	★土木工程实用力学(第2版)	978-7-301-24681-8	马景善	47.00	2015.7	ppt
3	★建设工程监理(第2版)	978-7-301-24490-6	斯　庆	35.00	2015.1	ppt/答案
4	★建筑节能工程与施工	978-7-301-24274-2	吴明军等	35.00	2015.5	ppt
5	★建筑工程经济(第2版)	978-7-301-24492-0	胡六星等	41.00	2014.9	ppt/答案
6	★建设工程招投标与合同管理(第3版)	978-7-301-24483-8	宋春岩	40.00	2014.9	ppt/答案/试题/教案
7	★工程造价概论	978-7-301-24696-2	周艳冬	31.00	2015.1	ppt/答案
8	★建筑工程计量与计价(第3版)	978-7-301-25344-1	肖明和等	65.00	2017.1	APP/二维码
9	★建筑工程计量与计价实训(第3版)	978-7-301-25345-8	肖明和等	29.00	2015.7	
10	★建筑装饰施工技术(第2版)	978-7-301-24482-1	王　军	37.00	2014.7	ppt
11	★工程地质与土力学(第2版)	978-7-301-24479-1	杨仲元	41.00	2014.7	ppt
	基础课程					
1	建设法规及相关知识	978-7-301-22748-0	唐茂华等	34.00	2013.9	ppt
2	建设工程法规(第2版)	978-7-301-24493-7	皇甫婧琪	40.50	2014.8	ppt/答案/素材
3	建筑工程法规实务(第2版)	978-7-301-26188-0	杨陈慧等	49.50	2017.6	ppt
4	建筑法规	978-7-301-19371-6	董伟等	39.00	2011.9	ppt
5	建设工程法规	978-7-301-20912-7	王先恕	32.00	2012.7	ppt
6	AutoCAD 建筑制图教程(第2版)	978-7-301-21095-6	郭　慧	38.00	2013.3	ppt/素材
7	AutoCAD 建筑绘图教程(第2版)	978-7-301-24540-8	唐英敏等	44.00	2014.7	ppt
8	建筑CAD项目教程(2010版)	978-7-301-20979-0	郭　慧	38.00	2012.9	素材
9	建筑工程专业英语(第二版)	978-7-301-26597-0	吴承霞	24.00	2016.2	ppt
10	建筑工程专业英语	978-7-301-20003-2	韩薇等	24.00	2012.2	ppt
11	建筑识图与构造(第2版)	978-7-301-23774-8	郑贵超	40.00	2014.2	ppt/答案
12	房屋建筑构造	978-7-301-19883-4	李少红	26.00	2012.1	ppt
13	建筑识图	978-7-301-21893-8	邓志勇等	35.00	2013.1	ppt
14	建筑识图与房屋构造	978-7-301-22860-9	贠禄等	54.00	2013.9	ppt/答案

序号	书 名	书 号	编著者	定价	出版时间	配套情况
15	建筑构造与设计	978-7-301-23506-5	陈玉萍	38.00	2014.1	ppt/答案
16	房屋建筑构造	978-7-301-23588-1	李元玲等	45.00	2014.1	ppt
17	房屋建筑构造习题集	978-7-301-26005-0	李元玲	26.00	2015.8	ppt/答案
18	建筑构造与施工图识读	978-7-301-24470-8	南学平	52.00	2014.8	ppt
19	建筑工程识图实训教程	978-7-301-26057-9	孙 伟	32.00	2015.12	ppt
20	◎建筑工程制图与识图(第2版)	978-7-301-24408-1	白丽红	34.00	2016.8	APP/二维码
21	建筑制图习题集(第2版)	978-7-301-24571-2	白丽红	25.00	2014.8	
22	◎建筑工程制图(第2版)(附习题册)	978-7-301-21120-5	肖明和	48.00	2012.8	ppt
23	建筑制图与识图(第2版)	978-7-301-24386-2	曹雪梅	38.00	2015.8	ppt
24	建筑制图与识图习题册	978-7-301-18652-7	曹雪梅等	30.00	2011.4	
25	建筑制图与识图(第二版)	978-7-301-25834-7	李元玲	32.00	2016.9	ppt
26	建筑制图与识图习题集	978-7-301-20425-2	李元玲	24.00	2012.3	ppt
27	新编建筑工程制图	978-7-301-21140-3	方筱松	30.00	2012.8	ppt
28	新编建筑工程制图习题集	978-7-301-16834-9	方筱松	22.00	2012.8	
	建 筑 施 工 类					
1	建筑工程测量	978-7-301-16727-4	赵景利	30.00	2010.2	ppt/答案
2	建筑工程测量(第2版)	978-7-301-22002-3	张敬伟	37.00	2013.2	ppt/答案
3	建筑工程测量实验与实训指导(第2版)	978-7-301-23166-1	张敬伟	27.00	2013.9	答案
4	建筑工程测量	978-7-301-19992-3	潘益民	38.00	2012.2	ppt
5	建筑工程测量	978-7-301-13578-5	王金玲等	26.00	2008.5	
6	建筑工程测量实训(第2版)	978-7-301-24833-1	杨凤华	34.00	2015.3	答案
7	建筑工程测量	978-7-301-22485-4	景 铎等	34.00	2013.6	ppt
8	建筑施工技术(第2版)	978-7-301-25788-7	陈雄辉	48.00	2015.7	ppt
9	建筑施工技术	978-7-301-12336-2	朱永祥等	38.00	2008.8	ppt
10	建筑施工技术	978-7-301-16726-7	叶 雯等	44.00	2010.8	ppt/素材
11	建筑施工技术	978-7-301-19499-7	董 伟等	42.00	2011.9	ppt
12	建筑施工技术	978-7-301-19997-8	苏小梅	38.00	2012.1	ppt
13	建筑施工机械	978-7-301-19365-5	吴志强	30.00	2011.10	ppt
14	基础工程施工	978-7-301-20917-2	董 伟等	35.00	2012.7	ppt
15	建筑施工技术实训(第2版)	978-7-301-24368-8	周晓龙	30.00	2014.7	
16	◎建筑力学(第2版)	978-7-301-21695-8	石立安	46.00	2013.1	ppt
17	土木工程力学	978-7-301-16864-6	吴明军	38.00	2010.4	ppt
18	PKPM软件的应用(第2版)	978-7-301-22625-4	王 娜等	34.00	2013.6	
19	◎建筑结构(第2版)(上册)	978-7-301-21106-9	徐锡权	41.00	2013.4	ppt/答案
20	◎建筑结构(第2版)(下册)	978-7-301-22584-4	徐锡权	42.00	2013.6	ppt/答案
21	建筑结构学习指导与技能训练(上册)	978-7-301-25929-0	徐锡权	28.00	2015.8	ppt
22	建筑结构学习指导与技能训练(下册)	978-7-301-25933-7	徐锡权	28.00	2015.8	ppt
23	建筑结构	978-7-301-19171-2	唐春平等	41.00	2011.8	ppt
24	建筑结构基础	978-7-301-21125-0	王中发	36.00	2012.8	ppt
25	建筑结构原理及应用	978-7-301-18732-6	史美东	45.00	2012.8	ppt
26	建筑结构与识图	978-7-301-26935-0	相秉志	37.00	2016.2	
27	建筑力学与结构(第2版)	978-7-301-22148-8	吴承霞等	49.00	2013.4	ppt/答案
28	建筑力学与结构(少学时版)	978-7-301-21730-6	吴承霞	34.00	2013.2	ppt/答案
29	建筑力学与结构	978-7-301-20988-2	陈水广	32.00	2012.8	ppt
30	建筑力学与结构	978-7-301-23348-1	杨丽君等	44.00	2014.1	ppt
31	建筑结构与施工图	978-7-301-22188-4	朱希文等	35.00	2013.3	ppt
32	生态建筑材料	978-7-301-19588-2	陈剑峰等	38.00	2011.10	ppt
33	建筑材料(第2版)	978-7-301-24633-7	林祖宏	35.00	2014.8	ppt
34	建筑材料与检测(第2版)	978-7-301-25347-2	梅 杨等	35.00	2015.2	ppt/答案
35	建筑材料检测试验指导	978-7-301-16729-8	王美芬等	18.00	2010.10	
36	建筑材料与检测(第二版)	978-7-301-26550-5	王 辉	40.00	2016.1	
37	建筑材料与检测试验指导(第二版)	978-7-301-28471-1	王 辉	23.00	2017.7	ppt
38	建筑材料选择与应用	978-7-301-21948-5	申淑荣等	39.00	2013.3	ppt
39	建筑材料检测实训	978-7-301-22317-8	申淑荣等	24.00	2013.4	
40	建筑材料	978-7-301-24208-7	任晓菲	40.00	2014.7	ppt/答案
41	建筑材料检测试验指导	978-7-301-24782-2	陈东佐等	20.00	2014.9	ppt
42	◎建设工程监理概论(第2版)	978-7-301-20854-0	徐锡权等	43.00	2012.8	ppt/答案
43	建设工程监理概论	978-7-301-15518-9	曾庆军等	24.00	2009.9	ppt
44	◎地基与基础(第2版)	978-7-301-23304-7	肖明和等	42.00	2013.11	ppt/答案
45	地基与基础	978-7-301-16130-2	孙平平等	26.00	2010.10	ppt
46	地基与基础实训	978-7-301-23174-6	肖明和等	25.00	2013.10	
47	土力学与地基基础	978-7-301-23675-8	叶火炎等	35.00	2014.1	ppt
48	土力学与基础工程	978-7-301-23590-4	宁培淋等	32.00	2014.1	ppt
49	土力学与地基基础	978-7-301-25525-4	陈东佐	45.00	2015.2	ppt/答案

序号	书　　名	书　号	编著者	定价	出版时间	配套情况
50	建筑工程质量事故分析(第2版)	978-7-301-22467-0	郑文新	32.00	2013.9	ppt
51	建筑工程施工组织设计	978-7-301-18512-4	李源清	26.00	2011.2	ppt
52	建筑工程施工组织实训	978-7-301-18961-0	李源清	40.00	2011.6	ppt
53	建筑施工组织与进度控制	978-7-301-21223-3	张廷瑞	36.00	2012.9	ppt
54	建筑施工组织项目式教程	978-7-301-19901-5	杨红玉	44.00	2012.1	ppt/答案
55	钢筋混凝土工程施工与组织	978-7-301-19587-1	高　雁	32.00	2012.5	ppt
56	钢筋混凝土工程施工与组织实训指导(学生工作页)	978-7-301-21208-0	高　雁	20.00	2012.9	ppt
57	建筑施工工艺	978-7-301-24687-0	李源清等	49.50	2015.1	ppt/答案
	工程管理类					
1	建筑工程经济(第2版)	978-7-301-22736-7	张宁宁等	30.00	2013.7	ppt/答案
2	建筑工程经济	978-7-301-24346-6	刘晓丽等	38.00	2014.7	ppt/答案
3	施工企业会计(第2版)	978-7-301-24434-0	辛艳红等	36.00	2014.7	ppt/答案
4	建筑工程项目管理(第2版)	978-7-301-26944-2	范红岩等	42.00	2016.3	ppt
5	建设工程项目管理(第二版)	978-7-301-24683-2	王　辉	36.00	2014.9	ppt/答案
6	建设工程项目管理(第2版)	978-7-301-28235-9	冯松山等	45.00	2017.6	ppt
7	建筑施工组织与管理(第2版)	978-7-301-22149-5	翟丽旻等	43.00	2013.4	ppt/答案
8	建设工程合同管理	978-7-301-22612-4	刘庭江	46.00	2013.6	ppt/答案
9	建筑工程资料管理	978-7-301-17456-2	孙　刚等	36.00	2012.9	ppt
10	建筑工程招投标与合同管理	978-7-301-16802-8	程超胜	30.00	2012.9	ppt
11	工程招投标与合同管理实务	978-7-301-19035-7	杨甲奇等	48.00	2011.8	ppt
12	工程招投标与合同管理实务	978-7-301-19290-0	郑文新等	43.00	2011.8	ppt
13	建设工程招投标与合同管理实务	978-7-301-20404-7	杨云会等	42.00	2012.4	ppt/答案/习题
14	工程招投标与合同管理	978-7-301-17455-5	文新平	37.00	2012.9	ppt
15	建筑项目招投标与合同管理(第2版)	978-7-301-24554-5	李洪军等	42.00	2014.8	ppt/答案
17	建筑工程商务标编制实训	978-7-301-20804-5	钟振宇	35.00	2012.7	ppt
18	建筑工程安全管理(第2版)	978-7-301-25480-6	宋　健等	42.00	2015.8	ppt/答案
19	施工项目质量与安全管理	978-7-301-21275-2	钟汉华	45.00	2012.10	ppt/答案
20	工程造价控制(第2版)	978-7-301-24594-1	斯　庆	32.00	2014.8	ppt/答案
21	工程造价管理(第二版)	978-7-301-27050-9	徐锡权等	44.00	2016.5	ppt
22	工程造价控制与管理	978-7-301-19366-2	胡新萍等	30.00	2011.11	ppt
23	建筑工程造价管理	978-7-301-20360-6	柴　琦等	27.00	2012.3	ppt
24	建筑工程造价管理	978-7-301-15517-2	李茂英等	24.00	2009.9	
25	工程造价案例分析	978-7-301-22985-9	甄　凤	30.00	2013.8	ppt
26	建设工程造价控制与管理	978-7-301-24273-5	胡芳珍等	38.00	2014.6	ppt/答案
27	◎建筑工程造价	978-7-301-21892-1	孙咏梅	40.00	2013.2	ppt
28	建筑工程计量与计价	978-7-301-26570-3	杨建林	46.00	2016.1	ppt
29	建筑工程计量与计价综合实训	978-7-301-23568-3	龚小兰	28.00	2014.1	
30	建筑工程估价	978-7-301-22802-9	张　英	43.00	2013.8	ppt
31	安装工程计量与计价(第3版)	978-7-301-24539-2	冯　钢等	54.00	2014.8	ppt
32	安装工程计量与计价综合实训	978-7-301-23294-1	成春燕	49.00	2013.10	素材
33	建筑安装工程计量与计价	978-7-301-26004-3	景巧玲等	56.00	2016.1	
34	建筑安装工程计量与计价实训(第2版)	978-7-301-25683-1	景巧玲等	36.00	2015.7	
35	建筑水电安装工程计量与计价(第二版)	978-7-301-26329-7	陈连姝	51.00	2016.1	ppt
36	建筑与装饰装修工程工程量清单(第2版)	978-7-301-25753-1	翟丽旻等	36.00	2015.5	ppt
37	建筑工程清单编制	978-7-301-19387-7	叶晓容	24.00	2011.8	ppt
38	建设项目评估	978-7-301-20068-1	高志云等	32.00	2012.2	ppt
39	钢筋工程清单编制	978-7-301-20114-5	贾莲英	36.00	2012.2	ppt
40	混凝土工程清单编制	978-7-301-20384-2	顾　娟	28.00	2012.5	ppt
41	建筑装饰工程预算(第2版)	978-7-301-25801-9	范菊雨	44.00	2015.7	ppt
42	建筑装饰工程计量与计价	978-7-301-20055-1	李茂英	42.00	2012.2	ppt
43	建设工程安全监理	978-7-301-20802-1	沈万岳	28.00	2012.7	ppt
44	建筑工程五大员技术与管理实务	978-7-301-21187-8	沈万岳	48.00	2012.9	ppt
45	工程造价管理(第2版)	978-7-301-28269-4	曾　浩等	38.00	2017.5	ppt/答案
	建筑设计类					
1	中外建筑史(第2版)	978-7-301-23779-3	袁新华等	38.00	2014.2	ppt
2	◎建筑室内空间历程	978-7-301-19338-9	张伟孝	53.00	2011.8	
3	建筑装饰CAD项目教程	978-7-301-20950-9	郭　慧	35.00	2013.1	ppt/素材
4	建筑设计基础	978-7-301-25961-0	周圆圆	42.00	2015.7	
5	室内设计基础	978-7-301-15613-1	李书青	32.00	2009.8	ppt
6	建筑装饰材料(第2版)	978-7-301-22356-7	焦　涛	34.00	2013.5	ppt
7	设计构成	978-7-301-15504-2	戴碧锋	30.00	2009.8	ppt

序号	书 名	书 号	编著者	定价	出版时间	配套情况
8	基础色彩	978-7-301-16072-5	张 军	42.00	2010.4	
9	设计色彩	978-7-301-21211-0	龙黎黎	46.00	2012.9	ppt
10	设计素描	978-7-301-22391-8	司马金桃	29.00	2013.4	ppt
11	建筑素描表现与创意	978-7-301-15541-7	于修国	25.00	2009.8	
12	3ds Max 效果图制作	978-7-301-22870-8	刘 晗等	45.00	2013.7	ppt
13	3ds max 室内设计表现方法	978-7-301-17762-4	徐海军	32.00	2010.9	
14	Photoshop 效果图后期制作	978-7-301-16073-2	脱忠伟等	52.00	2011.1	素材
15	3ds Max & V-Ray 建筑设计表现案例教程	978-7-301-25093-8	郑恩峰	40.00	2014.12	ppt
16	建筑表现技法	978-7-301-19216-0	张 峰	32.00	2011.8	ppt
17	建筑速写	978-7-301-20441-2	张 峰	30.00	2012.4	
18	建筑装饰设计	978-7-301-20022-3	杨丽君	36.00	2012.2	ppt/素材
19	装饰施工读图与识图	978-7-301-19991-6	杨丽君	33.00	2012.5	
	规 划 园 林 类					
1	居住区景观设计	978-7-301-20587-7	张群成	47.00	2012.5	ppt
2	居住区规划设计	978-7-301-21031-4	张 燕	48.00	2012.8	ppt
3	园林植物识别与应用	978-7-301-17485-2	潘利等	34.00	2012.9	
4	园林工程施工组织管理	978-7-301-22364-2	潘利等	35.00	2013.4	ppt
5	园林景观计算机辅助设计	978-7-301-24500-2	于化强等	48.00	2014.8	ppt
6	建筑·园林·装饰设计初步	978-7-301-24575-0	王金贵	38.00	2014.10	
	房 地 产 类					
1	房地产开发与经营(第2版)	978-7-301-23084-8	张建中等	33.00	2013.9	ppt/答案
2	房地产估价(第2版)	978-7-301-22945-3	张 勇等	35.00	2013.9	ppt/答案
3	房地产估价理论与实务	978-7-301-19327-3	褚菁晶	35.00	2011.8	ppt/答案
4	物业管理理论与实务	978-7-301-19354-9	裴艳慧	52.00	2011.9	ppt
5	房地产测绘	978-7-301-22747-3	唐春平	29.00	2013.7	ppt
6	房地产营销与策划	978-7-301-18731-9	应佐萍	42.00	2012.8	ppt
7	房地产投资分析与实务	978-7-301-24832-4	高志云	35.00	2014.9	ppt
8	物业管理实务	978-7-301-27163-6	胡大见	44.00	2016.6	
9	房地产投资分析	978-7-301-27529-0	刘永胜	47.00	2016.9	
	市 政 与 路 桥					
1	市政工程施工图案例图集	978-7-301-24824-9	陈亿琳	43.00	2015.3	pdf
2	市政工程计价	978-7-301-22117-4	彭以舟等	39.00	2013.3	ppt
3	市政桥梁工程	978-7-301-16688-8	刘 江等	42.00	2010.8	ppt/素材
4	市政工程材料	978-7-301-22452-6	郑晓国	37.00	2013.5	ppt
5	道桥工程材料	978-7-301-21170-0	刘水林等	43.00	2012.9	ppt
6	路基路面工程	978-7-301-19299-3	偶昌宝等	34.00	2011.8	ppt/素材
7	道路工程技术	978-7-301-19363-1	刘 雨等	33.00	2011.12	
8	城市道路设计与施工	978-7-301-21947-8	吴颖峰	39.00	2013.1	ppt
9	建筑给排水工程技术	978-7-301-25224-6	刘 芳等	46.00	2014.12	ppt
10	建筑给水排水工程	978-7-301-20047-6	叶巧云	38.00	2012.2	ppt
11	市政工程测量(含技能训练手册)	978-7-301-20474-0	刘宗波等	41.00	2012.5	ppt
12	公路工程任务承揽与合同管理	978-7-301-21133-5	邱 兰等	30.00	2012.9	ppt/答案
13	数字测图技术应用教程	978-7-301-20334-7	刘宗波	36.00	2012.8	ppt
14	数字测图技术	978-7-301-22656-8	赵 红	36.00	2013.6	
15	数字测图技术实训指导	978-7-301-22679-7	赵 红	27.00	2013.6	
16	水泵与水泵站技术	978-7-301-22510-3	刘振华	40.00	2013.5	ppt
17	道路工程测量(含技能训练手册)	978-7-301-21967-6	田树涛等	45.00	2013.2	ppt
18	道路工程识图与AutoCAD	978-7-301-26210-8	王容玲等	35.00	2016.1	ppt
	交 通 运 输 类					
1	桥梁施工与维护	978-7-301-23834-9	梁 斌	50.00	2014.2	ppt
2	铁路轨道施工与维护	978-7-301-23524-9	梁 斌	36.00	2014.1	ppt
3	铁路轨道构造	978-7-301-23153-1	梁 斌	32.00	2013.10	
4	城市公共交通运营管理	978-7-301-24108-0	张洪满	40.00	2014.5	ppt
5	城市轨道交通车站行车工作	978-7-301-24210-0	操 杰	31.00	2014.7	
	建 筑 设 备 类					
1	建筑设备识图与施工工艺(第2版)(新规范)	978-7-301-25254-3	周业梅	44.00	2015.12	ppt
2	建筑施工机械	978-7-301-19365-5	吴志强	30.00	2011.10	ppt
3	智能建筑环境设备自动化	978-7-301-21090-2	余志强	40.00	2012.8	ppt
4	流体力学及泵与风机	978-7-301-25279-6	王 宁等	35.00	2015.1	ppt/答案

注：★为"十二五"职业教育国家规划教材；◎为国家级、省级精品课程配套教材，省重点教材；🌐为"互联网+"创新规划教材。

相关教学资源如电子课件、电子教材、习题答案等可以登录 www.pup6.com 下载或在线阅读。如您需要样书用于教学，欢迎登录第六事业部门户网(www.pup6.cn)申请，并可在线登记选题出版您的大作，也可下载相关表格填写后发到我们的邮箱，我们将及时与您取得联系并做好全方位的服务。

联系方式：010-62756290，010-62750667，85107933@qq.com，pup_6@163.com，欢迎来电来信咨询。网址：http://www.pup.cn，http://www.pup6.cn